现代室内设计语言研究

孙晨霞 著 ——○

中国纺织出版社

内 容 提 要

室内设计语言是一门发展十分迅速的设计学学科理论,本书从语言表达的角度系统研究了现代室内设计,内容包括:室内设计与室内设计语言、室内设计语言所遵循的原则、室内设计物质层面的语言分析、室内设计精神层面的语言分析、室内细部设计的语言分析、室内设计语言的艺术表达与实施等。本书不仅注重现代室内设计理论的系统性,也注重设计艺术的实践性,论述深入浅出,逻辑严密。本书结构合理、条理清晰,内容丰富新颖,是一本实用性与可读性很强的著作。

图书在版编目 (CIP) 数据

现代室内设计语言研究 / 孙晨霞著 . –– 北京:中国纺织出版社 , 2018.10

ISBN 978–7–5180–1570–2

Ⅰ . ①现… Ⅱ . ①孙… Ⅲ . ①室内装饰设计—研究
Ⅳ . ① TU238

中国版本图书馆 CIP 数据核字(2016)第 326640 号

责任编辑:姚　君　　　　　　　责任印制:储志伟

中国纺织出版社出版发行

地址:北京市朝阳区百子湾东里 A407 号楼　邮政编码:100124

销售电话:010–67004422　传真:010–87155801

http://www.c-textilep.com

E-mail:faxing@e-textilep.com

中国纺织出版社天猫旗舰店

官方微博 http://www.weibo.com/2119887771

北京虎彩文化传播有限公司印制　各地新华书店经销

2018 年 10 月第 1 版第 1 次印刷

开本:710×1000　1/16　印张:15.5

字数:201 千字　定价:72.00 元

前　言

　　室内设计是建筑设计的延伸,它既反映了社会分工、设计阶段的分化,也是社会生活精细化的结晶,是技术与艺术的完美结合。作为工业设计和陈设、装饰设计的先导,室内设计语言就是室内空间的艺术表达。它本身包含着十分复杂而具体的内容,它是一项综合的系统工程,有待于室内设计工作者和学习者不断地进行探索和研究。

　　同时,英国建筑师利勃斯金曾经指出"建筑永远处于过程之中",这个过程不仅是时间和空间变化和流动的过程,也是室内外空间环境中设计语言交融、表达的过程。许多建筑的外观和结构可以是永恒的,但室内设计景象则会产生许多变化,其室内设计语言就是建筑过程最完美的体现。特别是随着社会的发展,新的技术、新的材料不断出现,也促使了人们的生活方式不断发生变化,室内设计语言所表达的内容也愈加丰富,同时也对室内设计师提出了更新的研究课题,随之在室内设计教学内容与知识结构方面都将与之相适应。

　　本书针对现有市场中关于工程实例的照片资料,设计实例的工程图资料,不同设计门类的空间造型、图案样式、尺度构造资料,设计表现技法类资料等书籍类型,另辟蹊径,从语言表达的角度研究现代室内设计。

　　全书共有六个章节,第一章为"室内设计与室内设计语言",明确了室内设计的内涵以及室内设计语言的界定;第二章论述了室内设计语言所遵循的原则,即整体原则、功能原则和价值原则;第三章为室内设计物质层面的语言分析,其内容包括室内设计的空间语言、室内设计的材料语言、室内设计的工艺语言;第四章是室内设计精神层面的语言分析,探讨了室内设计的情感语言、风格与流派语言、审美语言；第五章分析了室内细部——界面、构件、色彩、家具与陈设、绿化、照明等设计语言；最后一章则通过对室内设计语言的执行者，室内设计语言的艺术表达、实施依据、表现技法和室内设计的评价的论述，诠释室内设计语言的艺术表达与实施。

本书不仅注重现代室内设计理论的系统性，也注重设计艺术的实践性，论述深入浅出，逻辑严密。

室内设计语言是一门发展十分迅速的设计学学科理论，涉及面很广，尽管在写作过程中尽了很大的努力，力求使本书具有新意和创意，但仍感能力有限，加之时间紧张，书中若有不妥之处，还请谅解，并不吝赐教。

此外，书稿的完成还得益于前辈和同行的研究成果，具体已在参考文献中列出，在此一并表示诚挚的感谢！

作者
2016 年 3 月

目　录

第一章 室内设计与室内设计语言

室内设计是建筑内部空间的思维创造活动，是建筑设计的有机组成部分，是建筑设计的继续和深化，具体地说，它是以功能的科学性、合理性为基础，以形式的艺术性、民族性为表现手法，为塑造出物质和精神兼而有之的室内生活环境而采取的思维创造活动，并通过一定技术手段，用视觉传达的方式表现出来。本章作为本书的第一章，分别明确了室内设计的内涵和室内设计语言的界定。

第一节 室内设计的内涵

一、室内设计的概念与界定

室内设计的概念由基本概念和学科概念两个部分构成。

（一）基本概念

对于室内设计的概念，许多学者从不同的角度、不同的侧重点，作出了不同的分析。专家们普遍都指出了室内设计与建筑的紧密关系，同时强调物质性与精神性，即实用功能和人们的审美需求。这里给出如下定义：室内设计是根据建筑的使用要求，在建筑的内部展开，运用物质技术及艺术手段，设计出物质与精神、科学与艺术、理性与情感完美结合的理想场所，它不仅具有使用价值，还要体现出建筑风格、文化内涵、环境气氛等精神功能。

室内设计的目的是创造出功能合理、舒适美观、符合人的生理和心理要求的理想场所的空间设计，旨在使人们在生活、居住、工作的室内环境空间中得到心理、视觉上的和谐与满足。

室内设计的关键在于塑造室内空间的总体艺术氛围，从概念到方案，从方案到施工，从平面到空间，从装修到陈设等一系列环节，融会构成一个符合现代功能和审美要求的高度统一的整体。

室内设计是人为环境设计的一个主要部分。室内设计是环境的一部分，所谓环境（environment），是指影响人类生存和发展的各种天然的和经过人工改造的自然因素的总体，室内设计属于经过人工改造的环境，人们绝大部分时间生活在室内环境之中，因此室内设计与人们的关系在环境艺术设计系统中最为密切。

（二）学科概念

"室内设计"专业在中国短短的几十年历史中，名称曾有过几次变化。先是中央工艺美术学院在1957年将此专业正式命名为"室内装饰"系。这时的设计重点仅仅是室内界面的表面修饰。在1977年，"室内装饰"系改名为"建筑装饰"，成为"工业设计"系的一个专业方向。人们对这个专业的认识，也由传统的手工艺向现代工业设计转变。此后不久，"建筑装饰"更名为"室内设计"，并从"工业设计"系中独立出来。1988年，随着社会的进步、科技的发展和人们生活水平的日益提高，"室内设计"系的名称又被扩大为"环境艺术设计"系。而"室内设计"则成为"环境艺术设计"专业的一个学习方向。从"室内设计"名称的一系列变化上我们不难看出，人们对室内设计概念的认识和理解随着时间的推移而不断深化。

综上所述，"室内设计"正是在实践—理论—再实践的反复和探索之中产生、嬗变和发展起来的学科,是一门融科学性、艺术性、技术性为一体的综合性学科。

二、室内设计的内容分析

现代室内设计作为一个综合性的设计系统,其专业涵盖面很广,综合性、系统性都很强。室内设计是时间艺术和空间艺术两者综合的时空艺术整体形式,从构成内容上说,室内设计应包括以下三个大的方面。

(一)室内空间设计

室内空间设计,就是运用空间限定的各种手法进行空间形态的塑造,是对墙、顶和地六面体或多面体空间形式进行合理分割。室内空间设计是对建筑的内部空间进行处理,目的是按照实际功能的要求,进一步调整空间的尺度和比例关系。

室内空间设计是指对建筑内部空间的设计,具体是指在建筑提供的内部空间内,进一步细微、准确地调整室内空间形状、尺度、比例、虚实关系,解决空间与空间之间的衔接、过渡、对比、统一,以及空间的节奏、空间的流通、空间的封闭与通透的关系,做到合理、科学地利用空间,创造出既能满足人们使用要求又能符合人们精神需要的理想空间。

(二)室内装饰设计

室内装饰设计主要包含两个方面:一是对建筑物内部各表面的造型、色彩、材料的设计和加工;二是对家具、织物、帘帷、陈设、门窗和设备等室内装饰物进行布置和设计,以达到美化的目的。

室内物理环境,包括对室内的总体感受、上下水、采暖、采光、通风、温湿调节等系统方面的处理和设计,也属室内装修设计的设备设施范围。随着科技的不断发展及对生活环境质量要求的不断提高,室内物理环境设计已成为现代室内装饰设计中极为重要的环节。室内装饰设计的手法如下。

1. 室内的造景与方法

室内造景可采用以下两种方法。

(1)室内进行人工造景

在室内进行人工造景,能够丰富室内空间。人工造景可选择宜于在室内生长的植物,用盆栽置于室内一角,使室内增添生气;还可以通过叠石、理水、植树等手法,自成景致。

用植物来创造景观的植物造景,能够充分发挥植物自身的美。不同的植物具有各自不同的美。例如,松柏具有挺拔之美,花朵具有阴柔之美,藤类植物具有延伸之美。设计师充分地考虑植物自身的形态、线条、色彩等自然美,将其有机地结合起来,配植出一幅幅美丽动人的纯自然风景画,供人们欣赏。植物作为一种具有生命体的装饰物,在装饰环境中可令人心旷神怡,净化心灵,也使人们满足对自然环境的向往,如图 1-1 所示。

图 1-1　室内植物造景

(2)将室外自然环境引入室内

将室外自然环境引入室内,是将室外优美的景致,运用借景手法,通过大面积的玻璃门窗引入室内,使室内外焕然一新,如图 1-2 所示。

图1-2　室外自然环境引入室内

2. 家具与艺术品的装饰

（1）家具的装饰

家具本身属于一种传统产品，多为木制。现代家具种类繁多，如高分子塑料、金属、藤条、竹篾以及许多新材料的制作，工艺极为精致。现代家具造型简练，便于调整组装，以变换室内空间的感觉，满足各种功能要求。现代家具形式优雅，尺度得体，优良的材料肌理与良好的工艺效果，放置得当可成为室内突出的装饰品。现代的生活用品、家用电器丰富多彩，如空调、电视、冰箱、洗衣机、消毒柜、微波炉等，其本身具有优美造型与装饰，在室内环境中合理陈设，更能增添空间的美感，如图1-3所示。

图1-3　室内家具的合理陈设

（2）艺术品的装饰

从室内设计的构思出发，布置适当的绘画、雕塑及陈设器皿等，对增加室内环境格调、加强艺术氛围有重要作用。其尺度、色彩、风格、位置都必须与室内环境协调。现代风格的艺术品和工艺品,宜放在简洁的具有时代感的空间内,如图1-4所示。传统形式的艺术品和工艺品,布置在具有民族传统的空间内,能产生协调感。艺术品及工艺品合理的陈设布置,可以成为室内的视觉中心,丰富室内环境的空间层次。

图1-4 现代风格的艺术品装饰

3. 照明采光的强化

室内光照是指室内环境的天然采光和人工照明。室内环境通过光线的照射,使各部件形象突出并产生阴影,形成丰富而强烈的感觉。采光包括人工照明与天然采光,人工照明可分为灯具照明与建筑照明。

灯具照明的种类颇多,一般为吊灯、壁灯、聚光灯、轨道灯等。灯具分布有点状、块状及条状,可以外露明装,也可以嵌入暗装。照明方法有直接、间接及整体扩散照明等。灯饰的造型丰富多彩,有球形、方形、单灯与组灯形式,运用时风格与室内环境要相统一。

建筑照明是整体照明,要注意照明与空间的关系。灯光可从部件上直射或照到建筑部件(如壁面或平顶)上再反射扩散。天然采光属于利用自然光,顶部的天然光能使视觉产生延伸感。纱窗、百叶窗、玻璃窗、磨砂或有彩色镶嵌的花玻璃等具有溜光的作用,使天然采光富于变化,从而丰富室内的视觉氛围。

4. 色彩感觉的丰富

色彩是室内设计中最为生动、极活跃的因素,也是室内设计中最廉价的一种设计方式,室内色彩的视觉感受产生的生理、心理和类似物理的效应,形成丰富的联想、深刻的寓意象征。

室内装饰设计要根据室内的环境选择色调。一般小空间、封闭空间宜用浅蓝色调；明度低的空间可适当提高彩度与明度；短暂停留的空间，可用暖调并提高彩度、明度和纯度；长久停留的空间，则要悦目和谐，多用浅色调；寒冷地区的室内装饰，应多采用暖色调；炎热地区则多用冷色调，如图1-5所示。

图1-5　室内冷色调设计

5. 空间格调的营造

营造室内空间格调的主要因素是色彩、尺度、比例、纹样、形式、表现质感和加工方法等。每个组成部分必须全面考虑来构成一个整体。格调要统一而不单调，变化而不繁缛。统一中有变化，变化中有统一。

（三）室内陈设设计

室内陈设设计，主要是对针对室内的功能要求、艺术风格的定位，对建筑物内部各表面造型、色彩、用料的设计和加工，包括对室内家具、照明灯具、装饰织物、陈设艺术品、门窗及绿化盆景的设计配置。室内环境的陈设与装饰设计，是根据空间的性质，创造适宜的环境和一定的艺术效果。

室内物品陈设属于装饰范围，包括艺术品（如壁画、壁挂、雕塑和装饰工艺品陈列等）、灯具、绿化等方面。这些陈设内容相对地可以脱离界面布置于室内空间，处于视觉中显著的位置，实现实用和装饰的双重功能。家具、陈设、灯具、绿化等可以很好地烘托室内环境气氛,形成室内设计风格,在这些方面要给予足够的精力和重视。

室内绿化是现代室内设计不可替代的柔性物质。室内绿化一方面可以改善室内小气候,吸附粉尘,对人体健康起着重要的调节作用;另一方面,室内绿化给室内环境带来自然生机和新鲜空气,给人视觉"按摩",美化室内环境,使人们在快节奏的现代社会生活中获得心理的暂歇与平衡。

在室内设计的以上构成中,空间设计属虚体设计,就是客厅、卧室、阳台、楼阁等多方面地发生在虚空之间的设计;装饰与陈设设计属实体设计,归纳起来就是对地面、楼面、墙体或隔断、梁柱、楼梯、台阶、围栏以及接口与过渡等的设计。不管是实体或虚体,都要求能为人们使用时提供良好的生理和心理环境,这是保证生产和生活的必要条件。

三、室内设计的特征举要

室内设计是建立在四维时空概念基础上的艺术设计门类,是围绕建筑物内部空间而进行的环境艺术设计。它既能满足一定的功能要求和精神需求,同时也反映了历史文脉、建筑风格等文化内涵。现代室内设计是综合的室内环境设计,它包括视觉环境和工程技术方面的问题,涉及声学、力学、光学、美学、哲学、心理学和色彩学等多个学科的知识,因此具有鲜明的特点。

（一）双重需求的特征

1. 物质功能的需求

好的室内设计是在满足基本功能需求的基础上追求美观的设计。由此看来,物质功能需求的满足是室内设计的第一步,也是至关重要的一步。室内设计要根据空间的使用目的来合理规划空间,努力做到布局合理、层次清晰、通行便利、通风良好、采光适度等。而且,室内环境中不同使用功能需要不同的侧重,例如,客厅要求敞亮,卧室要求私密,书房要求安静,等等。

2. 精神功能的需求

单纯注重物质功能的室内设计合理性是不够的,除此之外,室内设计还必须满足人类情感的需求。室内设计中的情感需求主要是通过视觉来体验的一种直觉的、主观的心理活动。每一个室内空间都能给人带来不同的心理感受,比如,可爱的、浪漫的、整齐的、活跃的、宁静的、严肃的、正统的、艺术的、冰冷的、童趣的、个性的、宽敞的、明亮的、现代的、乡土的、典雅的、柔软的、未来的、高雅的、华贵的、简洁的,等等。

室内设计从形式上来看,是对地面、顶棚、墙面等实体的推敲与设计,而实质上这些只是满足人们精神需求的手段,即通过各种不同的材质、色彩、布局等满足人们的各种情感需求。

(二)工程技术与艺术相结合的特征

室内设计强调工程技术和艺术创造的相互渗透与结合,运用各种艺术和技术的手段,使设计达到最佳的室内空间环境效果。现代科学技术的进步使得室内设计师可以运用更丰富的手段来满足人们的价值观和审美观,室内设计业有了更广阔的发展前景。另外,新材料与新工艺的不断发明与更新换代,也为室内设计提供了不同于以往的设计手法和设计灵感,室内设计有了更加多彩的新元素和新面貌。总之,室内设计本身就是工程技术与设计艺术的结合体,工程技术、材料技术的发展为室内设计艺术不断注入新的活力和动力,使得室内设计可以适应人们多方面的与时俱进的需求。

(三)建筑制约与限定性的特征

室内的空间构造和环境系统,是设计功能系统的主要组成部分,建筑是构成室内空间的本体。室内设计是从建筑设计延伸出来的一个独立门类,是发生在建筑内部的设计与创作,始终受到建筑的制约。

室内设计中,空间实体主要是建筑的界面,界面的效果由人在空间的流动中形成的不同视觉感受来体现,界面的艺术表现以人的主观时间延续来实现。人在这种秩序中,不断地感受建筑空间实体与虚体在造型、色彩、样式、尺度、比例等方面的信息,从而产生不同的空间体验。

室内设计中的物质要素,是用来限定空间的具有一定形状的物体。由建筑界面围合的内部虚体,是室内设计的主要内容,并与实体的存在构成辩证统一的关系,如图1-6所示。

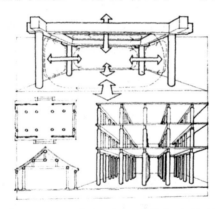

图1-6 空间限定: 空间实体与虚体的关系

空间限定的基本形态有以下六种:

(1)围,创造了基本形态。

(2)覆盖,垂直限定高度小于限定度。

(3)凸起,有地面和顶部上、下凸起两种。

(4)与凸起相反的下凹。

(5)肌理,用不同材质抽象限定。

(6)设置,是产生视觉空间的主要形态。

空间限定中最重要的因素是尺度,实体形态之间的尺度是否得当,是衡量设计成效的关键。

（四）"以人为本"的宗旨特征

室内设计是根据空间使用性质和所处的环境,运用物质技术手段,创造出功能合理、舒适美观、符合人的生理和心理要求的理想场所的空间设计,旨在使人们在生活、居住、工作的室内环境空间中得到心理上、视觉上的和谐与满足。室内设计的主要目的就是创造满足人们多元化的物质和精神需求的室内环境,确保人们在室内的安全和身心健康,因此必须时刻遵守"以人为本"的宗旨。

（五）可持续发展的特征

室内设计还有一个显著的特点,那就是对于室内功能改变的敏感性。随着人们物质生活水平的提高,尤其是现代科技带来的通信方式的变化,人们更多地待在室内,对以往的室内结构和功能有了更加多样的要求,对此,室内设计应在节能低碳的基础上必须作出灵敏、及时的反映与更新。

第二节　室内设计语言的界定与研究

"语言",既是一种交流的传递方式,也是一种约定俗成的记号系统或代码。室内设计作为一种以空间为文本的语言形式,它有着自己的构成文法和表达方式。从不同角度来分析,当室内设计语言作用在人与人的关系之上,它是表达相互沟通交流与反应的中介;作用在人和客观世界的关系之上时,它是一种认知和理解客观事物的工具;作用在文化之上时,它则是文化信息传递的媒介与载体。

室内设计的意义结晶了设计师对室内环境的理解。因为,室内环境实际上是使用者生活观念和生活方式的一个物化形式,反映着当时当地人们的交往情景和交往方式,也透露着他们的礼制和伦理观念,室内设计应该也必须是室内设计师对使用者或使用群体在空间活动方式及其观念的理解的一种解读和阐释,如图1-7所示。从这点看,室内设计和语言在性质上是一致的,室内设计语言的提出就是为了从语言的角度认识并探索室内设计活动的规律,以期最终指导室内设计实践。

图 1-7   室内设计的艺术"语言"

关于室内设计语言之"语言"的问题。在欧洲将艺术比拟为语言系统盛行于 18 世纪中叶,在 19 世纪中叶经历了系统完善和发展的一系列过程。在中国这样的界定似乎变得很模糊,早在古代,植物中的"松、竹、梅(岁寒三友)"就被赋予了特殊的意义作为装饰语言出现在建筑及空间中。

从性质来看,将室内设计视作一门人工语言是恰当的。过去,只有室内设计风格被看作一门设计语言来对待,这种仅从艺术范畴带有历史性和地域性的划分方法,并不能系统全面地分析室内环境和室内设计方法。现在,我们将整个室内设计活动都视为语言的思维活动,这种思维活动结晶了设计师对室内环境和使用者生活方式的理解,其严谨的逻辑推演结构(语法)保证了它在室内设计创作中具有普适性和确定性,开放更新的"形象"(词汇)库则让设计师在运用这门语言创作的时候具有了更多的创造性和灵活性。可以肯定,室内设计语言会成为一门独特的有着系统认识论和方法论的设计哲学。同时,这样的共识也将为室内设计这门学科带来许多启发性的成果。

第二章　室内设计语言所遵循的原则

室内设计涉及多门学科,其设计原则也涉及多方面的内容。室内设计是为人服务的,因而在设计过程中要充分关注人的使用感受和体验。室内设计作为一种语言,更需要探讨语法准则。为此,本章从设计角度出发,论述室内设计语言中的整体原则、功能原则和价值原则。

第一节　整体原则

在进行室内设计的过程中,要注意各个界面的整体性的要求,使各个界面的设计能够有机联系,完整统一,并直接影响室内整体风格的形成。室内设计的整体原则主要应注意以下两点:

首先,室内界面的整体性设计要从形体设计上开始。各个界面上的形体变化要在尺度、色彩上统一、协调。协调不代表各个界面不需要对比,有时利用对比也可以使室内各界面总体协调,而且还能达到风格上的高度统一。界面上的设计元素及设计主题要互相协调、一致,让界面的细部设计也能为室内整体风格的统一起到应有的作用。

其次,室内界面的整体性还要注意界面上的陈设品设计与选择。选择风格一致的陈设品可以为界面设计的整体性带来一定的影响,陈设品的风格选择不应排斥各种风格的陈设品,如不同材质、色彩、尺度的陈设品,通过设计者的艺术选择,都能在整体统一的风格中找到自己的位置,并使室内整体设计风格高度统一,而且又有细部的设计统一。

第二节　功能原则

人对室内空间的功能要求主要表现在两个方面：使用上的需求和精神上的需求。理想的室内环境应该达到使用功能和精神功能的完美统一。

一、使用功能

（一）单体空间应满足的使用功能

1. 满足人体尺度和人体活动规律

（1）人体尺度：室内设计应符合人的尺度要求，包括静态的人体尺寸和动态的肢体活动范围等。而人的体态是有差别的，所以具体设计应根据具体的人体尺度确定，如幼儿园室内设计的主要依据就是儿童的尺度。

（2）人体活动规律：人体活动规律有二，即：动态和静态的交替、个人活动与多人活动的交叉。这就要求室内空间形式、尺度和陈设布置符合人体的活动规律，按其需要进行设计。

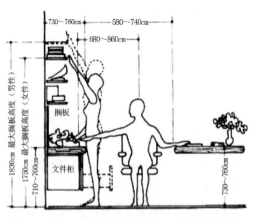

图 2-1　室内设计与人体工程学相关图

2.按人体活动规律划分功能区域

人在室内空间的活动范围可分为三类,即:静态功能区、动态功能区和动静相兼功能区。在各种功能区内根据行为不同又有详细的划分,如静态功能区内有睡眠、休息、看书、办公等活动;动态功能区有走道空间、大厅空间等;动静相兼功能区有会客区、车站候车室、机场候机厅、生产车间等。因此,一个好的设计必须在功能划分上满足多种要求。

(二)室内空间应满足物理环境质量要求

室内空间涉及的物理环境包括空气质量环境、热环境、光环境、声环境,以及现代电磁场等,室内空间环境只有在满足上述物理环境质量要求的条件下,人的生理要求才能得到基本保障,所以,室内空间的物理环境质量也是评价室内空间的一个重要条件。

1.空气质量

室内设计中,首先必须保证空气的洁净度和足够的氧气含量,保证室内空气的换气量。有时室内空间大小的确定也取决于这一因素,如双人卧室的最低面积标准的确定,不仅要根据人体尺度和家具布置所需的最小空间来确定,还需考虑两个人在睡眠8h,室内不换气的状态下满足其所需氧气量的空气最小体积值。在具体设计中,应首先考虑与室外直接换气,即自然通风,如果不能满足时,则应加设机械通风系统。另外,空气的湿度、风速也是影响空气舒适度的重要因素。在室内设计中还应避免出现对人体有害的气体与物质,如目前一些装修材料中的苯、甲醛、氡等有害物质。

2.热环境

人的生存需要相对恒定的适宜温度,而室外自然环境的温度变化较大,所以在寒冷的冬天需要通过建筑的围护结构和室内供热等来满足人体的需要;而在炎热的夏季又要通过通风和室内制冷带走人体热量以维护人体的热平衡。不同的人和不同的活动方式也有不同的温度要求,如老人住所需要的温度就稍微高一些,年轻人则低一些;以静态行为为主的卧室需要的温度就稍微高一些,而在体育馆等空间中需要的温度就低一些,这些都需要在设计中加以考虑。

3. 光环境

没有光的世界是一片漆黑,但它适于睡眠;在日常生活和工作中则需要一定的光照度。白天可以通过自然采光来满足,夜晚或自然采光达不到要求时则要通过人工光环境予以解决。

4. 声环境

人对一定强度和一定频率范围内的声音有敏感度,并有自己适应和需要的舒适范围,包括声音绝对值和相对值(如主要声音和背景音的对比度)。不同的空间对声响效果的要求不同,空间的大小、形式、界面材质、家具及人群本身都会对声音环境产生影响,所以,在具体设计中应考虑多方面的因素以形成理想的声环境。

5. 电磁污染

随着科技的发展,电磁污染也越来越严重,所以在电磁场较强的地方,应采取一些屏蔽电磁的措施,以保护人体健康。

(三)室内空间应满足安全性要求

安全是人类生存的第一需求,所以空间设计必须保障安全。安全首先应强调结构设计和构造设计的稳固、耐用;其次应该注意应对各种意外灾害,火灾就是一种常见的意外灾害,在室内设计中应特别注意划分防火防烟分区、注意选择室内耐火材料、设置人员疏散路线和消防设施等。此外,防震、防洪等措施也应充分考虑,美国"9·11"事件和"非典"风波之后,如何应对恐怖袭击、生化袭击、公共卫生疾病等也逐渐引起各界的注意。

（四）无障碍设计原则

在每个国家里,残疾人都占一定比例,全世界的残疾人约有4亿。因此,在室内设计过程中,应针对这些特殊的社会群体,按照无障碍设计的原则,为他们提供便利。

残疾人可以分为以下两类:

（1）乘轮椅患者,没有大范围乘轮椅患者的人体测量数据,进行这方面的研究工作是很困难的,因为患者的类型不同,有四肢瘫痪或部分肢体瘫痪;程度也不一样,如肌肉机能障碍程度和由于乘轮椅对四肢的活动带来的影响等。在设计中要充分考虑残疾人的需要,体现人文关怀。首先,应对轮椅的基本尺寸进行了解,如图2-2所示;其次,应对乘坐轮椅时人的活动范围进行了解,如图2-3所示。

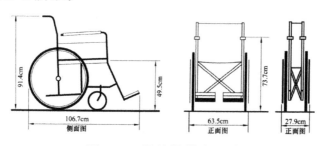

图2-2　轮椅的基本尺寸

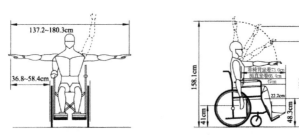

图2-3　乘坐轮椅时的活动范围

（2）能走动的残疾人,对于能走动的残疾人,必须考虑他们的辅助工具,如拐杖、手杖和助步车等的设计,以人体测量数据为依据,力求使这些工具能安全、舒适。

另外,从更为广义的角度来讲,无障碍设计包括一切活动有障碍人士,如拎重物者或其他行动不便者,在进行室内设计时都属于需要考虑的范畴。

二、精神功能

(一)具有美感

各种不同性质和用途的空间可以给人不同的感受,要达到预期的设计目标,首先要注意室内空间的特点,即空间的尺度、比例是否恰当,是否符合形式美的要求。其次要注意室内色彩关系和光影效果。此外,在选择、布置室内陈设品时,要做到陈设有序、体量适度、配置得体、色彩协调、品种集中,力求做到有主有次、有聚有分、层次鲜明。

(二)具有性格

根据设计内容和使用功能的需要,每一个具体的空间环境应该能够体现特有的性格特征,即具有一定的个性,如大型宴会厅比较开敞、华丽、典雅,小型餐厅比较小巧、亲切、雅致。即使是同样功能的空间,也可能由于对象的不同而具有不同的室内空间性格,如北京毛主席纪念堂的室内设计具有庄严、肃穆的特点,如图2-4所示;上海鲁迅纪念馆给人以朴实、典雅的印象。

图2-4 庄严肃穆的毛主席纪念堂

当然,空间的性格还与设计师的个性有关,与特定的时代特征、意识形态、宗教信仰、文学艺术、民情风俗等因素有关,如北京明清住宅的堂屋布置对称、严整,给人以宗法社会封建礼教严格约束的感觉;哥特教堂的室内空间冷峻、深邃、变幻莫测,产生把人的感情引向天国的效果,具有强烈的宗教氛围与特征。

（三）具有意境

室内意境是室内环境中某种构思、意图和主题的集中表现,它不仅能被人感受到,而且还能引起人们的深思和联想,给人以某种启示,是室内设计精神功能的高度概括,如北京故宫太和殿(见图2-5),房间中间高台上放置金黄色雕龙画凤的宝座,宝座后面竖立着鎏金镶银的大屏风,宝座前陈设不断喷香的铜炉和铜鹤,整个宫殿内部雕梁画栋、金碧辉煌、华贵无比,显示出皇帝的权力和威严。

图2-5　北京太和殿内景

第三节　价值原则

一、美学价值

实现美学价值是室内设计的重要标准之一,在前文当中我们已经论述了室内设计的精神功能要具有美感,而实现其美学价值,在具体设计过程中主要表现在形式美法等方面。

（一）稳定与均衡

自然界中的一切事物都具备均衡与稳定的条件,受这种实践经验的影响,人们在美学上也追求均衡与稳定的效果。这一原则运用于室内设计中,常涉及室内设计中上、下之间的轻重关系的处理。在传统的概念中,上轻下重,上小下大的布置形式是达到稳定效果的常见方法。例如,在图2-6中,床、沙发、柜子等大件物品均沿墙布置,墙面上仅挂了些装饰画或壁饰,这样的布置从整体上看基本达到了上轻下重的稳定效果。

图2-6　构图稳定的起居室效果

图2-7是崇政殿内景,采用了完全对称的处理手法,塑造出一种庄严肃穆的气氛,符合皇家建筑的要求。图2-8则为一会客厅内景,采用的是基本对称的布置方法。既可感到轴线的存在,同时又不乏活泼之感。图中不规则的石材装饰墙面、美术挂画、艺术饰件、壁炉、绿化、铝合金落地窗等组合成现代氛围的会客厅。

图2-7　崇政殿内景

图 2-8　会客厅内景

在室内设计中,还有一种称为"不对称的动态均衡手法"也较为常见,即通过左右、前后等方面的综合思考以求达到平衡的方法。这种方法往往能取得活泼自由的效果。例如,图2-9中气氛轻松,适合现代生活要求。图2-10起居室中仅用了几件艺术观赏品,就取得了富有灵气的视觉效果,具有少而精的韵味。

图 2-9　不对称的动态均衡（1）

图 2-10　不对称的动态均衡（2）

（二）韵律与节奏

在室内设计中,韵律的表现形式很多,常见的有连续韵律、渐变韵律、起伏韵律与交错韵律。

连续韵律是指以一种或几种要素连续重复排列,各要素之间保持恒定的关系与距离,可以无休止地连绵延长。例如,图2-11中的利雅得外交部大厦就是通过连续韵律的灯具排列而形成一种奇特的气氛。

图2-11　连续韵律

渐变韵律是指把连续重复的要素按照一定的秩序或规律逐渐变化。例如,图2-12即为悉尼歌剧院内部空间造型设计,排列在一起线性元素所营造的渐变韵律,具有强烈的趣味感。

图2-12　渐变韵律

交错韵律是指把连续重复的要素相互交织、穿插,从而产生一种忽隐忽现的效果。例如,图 2-13 为法国奥尔塞艺术博物馆大厅的拱顶,雕饰件和镜板构成了交错韵律,增添了室内的古典气息。

图 2-13 交错韵律

起伏韵律是指将渐变韵律按一定的规律时而增加,时而减小,有如波浪起伏或者具有不规则的节奏感。这种韵律常常比较活泼而富有运动感。例如,图 2-14 为纽约埃弗逊美术馆旋转楼梯,它通过混凝土可塑性而形成的起伏韵律颇有动感。

图 2-14 起伏韵律

（三）对比与微差

对比是指要素之间的显著差异，微差则是指要素之间的微小差异。当然，这两者之间的界限也很难确定，不能用简单的公式加以说明。就如数轴上的一列数，当它们从小到大排列时，相邻者之间由于变化甚微，表现出一种微差的关系，这列数亦具有连续性。

对比与微差在室内设计中的应用十分常见，两者缺一不可。对比可以借彼此之间的烘托来突出各自的特点以求得变化，微差则可以借相互之间的共同性而求得和谐。例如，图2-15中的美国玛瑞亚泰旅馆中庭的织物软雕塑就是利用质感进行对比的范例。设计师采用织物巧制而成的软雕塑与硬质装饰材料形成强烈的对比，柔化了中庭空间。

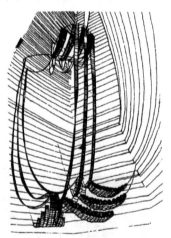

图 2-15　质感对比

在室内设计中，还有一种情况也能归于对比与微差的范畴，即利用同一几何母题，虽然它们具有不同的质感大小，但由于具有相同母题，所以一般情况下仍能达到有机的统一。例如，图2-16中的加拿大多伦多的汤姆逊音乐厅设计就运用了大量的圆形母题，因此虽然在演奏厅上部设置了调节音质的各色吊挂，且它们之间的大小也不相同，但相同的母题，使整个室内空间保持了统一。

如图 2-17 黔东南堂安博物馆的顶部设计，运用了当地常见的竹子作为设计元素，在切面上变换角度，形成大小、方向、高低不同的视觉变化，同时又保持着视觉的统一感。

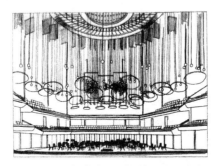

图 2-16　加拿大多伦多的汤姆逊音乐厅

图 2-17　黔东南堂安博物馆

（四）重点与一般

在室内设计中，重点与一般的关系很常见，较多的是运用轴线、体量、对称等手法而达到主次分明的效果。例如，图 2-18 为苏州网师园万卷堂内景，大厅采用对称的手法突出了墙面画轴、对联及艺术陈设，使之成为该厅堂的重点装饰。图 2-19 中的美国旧金山海雅特酒店的中庭内，就布置了一个体量巨大的金属雕塑,使之成该中庭空间的重点所在。

图2-18　苏州网师园万卷堂内景

图2-19　美国旧金山海雅特酒店的中庭

从心理学角度分析,人会对反复出现的外来刺激停止作出反应,这种现象在日常生活中十分普遍。例如,我们对日常的时钟走动声会置之不理,对家电设备的响声也会置之不顾。人的这些特征有助于人体健康,使我们免得事事操心,但从另一方面看,却加重了设计师的任务。在设计"趣味中心"时,必须强调其新奇性与刺激性。在具体设计中,常采用在形、色、质、尺度等方面与众不同、不落俗套的物体,以创造良好的景观。

例如,加拿大尼亚加拉瀑布城彩虹购物中心的共享大厅(见图2-20),它由玻璃及钢架组成,内部纵横的廊桥、购物小亭、庭院般的灯具、郁郁葱葱的绿化,虽在室内宛若在大自然的庭院之中,最吸引人的是空中悬挂的彩带和抽象三角框条,色彩明快鲜艳,仿佛雨后彩虹当空的感觉,非常吸引人们的注意。

图 2-20　加拿大尼亚加拉瀑布城彩虹购物中心内景

又如,图 2-21 的玩具售货区则又是另一番情景,大树外形的柱子布置有儿童熟悉的卡通动物及可爱的机器人,这样的动物世界大大诱发了孩子们的好奇心理,成为视觉的重点。

图 2-21　玩具售货区的卡通世界

此外,有时为了刺激人们的新奇感和猎奇心理,常常故意设置一些反常的或和常规相悖的构件来勾起人们的好奇心理。例如,在人们的一般常识中,梁总是搁置在柱上的,而柱子总是垂直竖立在地面上的,但图 2-22 却故意营造梁柱倒置的场景,用这种反常的布置方式来吸引人们的注意力,并给人以深刻的印象。

图 2-22　倒置的建筑构件布置

二、技术与经济价值

（一）技术经济与功能相结合

室内设计的目的是为人们的生存和活动寻求一个适宜的场所，这一场所包括一定的空间形式和一定的物理环境，而这几个方面都需要技术手段和经济手段的支撑。

1. 技术与室内空间形式

室内空间的大小、形状需要相应的材料和结构技术手段来支持。纵观建筑发展史，新技术、新材料、新结构的出现为空间形式的发展开辟了新的可能性。新技术、新材料、新结构不仅满足了功能发展的新要求，而且使建筑面貌为之一新，同时又促使功能朝着更新、更复杂的程度发展，然后再对空间形式提出进一步的新要求。所以，空间设计离不开技术、离不开材料、离不开结构，技术、材料和结构的发展是建筑发展的保障和方向。

2. 技术与室内物理环境质量

人们的生存、生活、工作大部分都在室内进行，所以室内空间应该具有比室外更舒适、更健康的物理性能（如：空气质量、热环境、光环境、声环境等）。古代建筑只能满足人对物理环境的最基本要求,后来的建筑虽然在围护结构和室内空间组织上有所进步,但依然被动地受自然环境和气候条件的影响。当代建筑技术有了突飞猛进的发展,音质设计、噪声控制、采光照明、暖通空调、保温防湿、建筑节能、太阳能利用、防火技术等都有了长足的进步,这些技术和设备使人们的生活环境越来越舒适,受自然条件的限制越来越少,人们终于可以获得理想、舒适的内部物理环境。

随着人们对空间环境方便性和舒适性要求的提高,建筑总造价中设备费用的比重也在逐年增加,很多设备投资超过了总造价的 30%。所以设备的优劣、设备运用是否达到最优化,也应当成为评价室内设计的重要指标之一。

3. 经济与室内空间设计

经济原则要求设计师必须具有经济概念,要根据工程投资进行构思和设计,偏离了业主经济能力的设计往往只能成为一纸空文。同时,还要求设计师具有节约概念,坚持节约为本的理念,做到精材少用、中材高用、低材巧用,摒弃奢侈浪费的做法。

总之,内部空间环境设计是以技术和经济作为支撑手段的,技术手段的选择会影响这一环境质量的好坏。所以,各项技术本身及其综合使用是否达到最合理最经济、内部空间环境的效益是否达到最大化最优化,是评价室内设计好坏的一条重要指标。

(二)技术经济与美学相结合

技术变革和经济发展造就了不同的艺术表现形式,同时也改变了人们的审美价值观,设计创作的观念也随之发生了变化。

早期的技术美学,是一种崇尚技术、欣赏机械美的审美观。当时采用了新材料新技术的伦敦水晶宫和巴黎埃菲尔铁塔打破了从传统美学角度塑造建筑形象的常规做法,给人们的审美观念带来强烈的冲击,逐渐形成了注重技术表现的审美观。

高技派建筑进一步强调发挥材料性能、结构性能和构造技术,暴露机电设备,强调技术对启发设计构思的重要作用,将技术升华为艺术,并使之成为一种富于时代感的造型表现手段,如香港上海汇丰银行(见图2-23)和法国里昂的 TGV 车站(见图2-24)都是注重技术表现的实例。

图 2-23　香港上海汇丰银行

图 2-24　法国里昂 TGV 车站

随着时代的发展,技术水平越来越高,经济力量越来越强,技术与经济越来越成为建筑情感的表达手段,成为一种富于时代感的造型表现,技术与经济在更高层次上与设计融合在一起,甚而影响人们的审美情趣。

三、生态价值

当代社会严峻的生态问题,迫使人们开始重新审视人与自然的关系和自身的生存方式。建筑界开始了生态建筑的理论与实践,希望以"绿色、生态、可持续"为目标,发展生态建筑,减少对自然的破坏,因此"生态与可持续原则"不但成为建筑设计,同时也成为室内设计评价中的一条非常重要的原则。室内设计中的生态与可持续评价原则一般涉及如下内容。

（一）营造自然健康的室内环境

1. 天然采光

人的健康需要阳光,人的生活、工作也需要适宜的光照度,如果自然光不足则需要补充人工照明,所以室内采光设计是否合理,不但影响使用者的身体健康、生活质量和内部空间的美感,而且还涉及节约能源和减少浪费。

2. 自然通风

新鲜的空气是人体健康的必要保证,室内微环境的舒适度在很大程度上依赖于室内温度、湿度以及空气洁净度、空气流动的情况。据统计,50%以上的室内环境质量问题是由于缺少充分的通风引起的。自然通风可以通过非机械的手段来调整空气流速及空气交换量,是净化室内空气、消除室内余湿余热的最经济、最有效的手段。

3. 引入自然因素

自然因素能使人联想到自然界的生机,疏解人的心情,激发人的活力;自然景观有助于软化钢筋混凝土筑成的人工硬环境,为人们提供平和舒适的心理感受;自然景观能引起人们的心理愉悦,增强室内空间的审美感受;绿化水体等自然因素还可调节室内的温、湿度,甚至可以在一定程度上除掉有害气体,净化室内空气。所以自然因素的引入,是实现室内空间生态化的有力手段,同时也是组织现代室内空间的重要元素,有助于提高空间的环境质量,满足人们的生理心理需求。

（二）充分利用可再生能源

可再生能源包括太阳能、风能、水能、地热能等,经常利用的可再生能源有太阳能和地热能。

太阳能是一种取之不尽、用之不竭、没有污染的可再生能源。利用太阳能,首先表现为通过朝阳面的窗户,使内部空间变暖。当然也可以通过集热器以热量的形式收集能量,现在的太阳能热水器就是实例。还有一种就是太阳能光电系统,它是把太阳光经过电池转换贮存能量,再用于室内的能量补给,这种方式在发达国家运用较多,形式也丰富多彩,有太阳能光电玻璃、太阳能瓦、太阳能小品景观等。

利用地热能也是一种比较新的能源利用方式,该技术可以充分发挥浅层地表的储能储热作用,通过利用地层的自身特点实现对建筑物的能量交换,达到环保、节能的双重功效,被誉为"21世纪最有效的空调技术"。

(三)适当利用高新技术

随着科技的进步,将高、精、尖技术用于建筑和室内设计领域是必然趋势。现代计算机技术、信息技术、生物科学技术、材料合成技术、资源替代技术、建筑构造措施等高技术手段已经运用到各种设计领域,设计师希望以此达到降低建筑能耗、减少建筑对自然环境的破坏,努力维持生态平衡的目标。在具体运用中,应该结合具体的现实条件,充分考虑经济条件和承受能力,综合多方面因素,采用合适的技术,力争取得最佳的整体效益。

以上介绍了在生态和可持续评价原则下,室内设计应该采取的一些原则和措施。至于建筑和内部空间是否达到"生态"的要求,各国都有相应的评价标准,本书难以展开。虽然各国在评价的内容和具体标准上有所不同,但他们都希望为社会提供一套普遍的标准,从而指导生态建筑(包括生态内部空间)的决策和选择。希望通过标准,提高公众的环保意识,提倡和鼓励绿色设计。希望以此提高生态建筑的市场效益,推动生态建筑的实践。

第三章 室内设计物质层面的语言分析

室内设计在物质语言层面主要体现为空间语言设计、设计材料的应用以及室内设计的施工工艺，本章将从这三个方面进行详细论述。合理进行空间布局、运用恰当的施工工艺对室内设计材料合理运用，是进行室内设计必须掌握的基本能力。

第一节 室内设计的空间语言

人类生活在环境中，受到环境的影响至深。空间是形成"行为的环境"的重要部分。室内空间设计，就是运用空间限定的各种手法进行空间形态的塑造，是对墙、顶和地六面体或多面体空间进行合理分割。室内空间设计是对建筑的内部空间进行处理，目的是按照实际功能的要求，进一步调整空间的尺度和比例关系，从而使得空间符合人的活动需求和心理需求。

室内空间设计是指对建筑内部空间的设计。具体是指在建筑提供的内部空间内，进一步细微、准确地调整室内空间形状、尺度、比例、虚实关系，解决空间与空间之间的衔接、过渡、对比、统一，以及空间的节奏、空间的流通、空间的封闭与通透的关系，做到合理、科学地利用空间，创造出既能满足人们使用要求又能符合人们精神需要的理想空间。

一、室内空间的类型

室内空间的类型是根据建筑空间的内在和外在特征来进行区分的,具体来讲,可以划分为以下几个类型。

(一)开敞空间与封闭空间

开敞式空间与外部空间有着或多或少的联系,其私密性较小,强调与周围环境的交流互动与渗透,还常利用借景与对景,与大自然或周围的空间融合。如图 3-1 所示,落地的透明玻璃窗让室外景致一览无余。相同面积的开敞空间与封闭空间相比,开敞空间的面积似乎更大。开敞空间呈现出开朗、活跃的空间性格特征。所以在处理空间时要合理地处理好围透关系,根据建筑的状况处理好空间的开敞形式。

封闭空间是一种建筑内部与外部联系较少的空间类型。在空间性格上,封闭空间是内向型的,体现出静止、凝滞的效果,具有领域感和安全感,私密性较强,有利于隔绝外来的各种干扰,如图 3-2 所示。

图 3-1　开敞空间　　　　图 3-2　封闭空间

(二)静态空间与动态空间

静态空间的封闭性较好,限定程度比较强且具有一定的私密性。例如,卧室、客房、书房、图书馆、会议室和教室等。在这些环境中,人们要休息、学习、思考,因此室内必须保持安静。室内一般色彩清新淡雅,装饰规整,灯光柔和。静态空间一般为封闭型,限定性、私密性强;为了寻求静态的平衡,多采用对称设计(四面对称或左右对称);在设计手法上常运用柔和舒缓的线条进行设计,陈设不会运用超常的尺度,也不会制造强烈的对比,色泽、光线和谐(见图3-3)。

动态空间是现代建筑的一种独特的形式。它是设计师在室内环境的规划中,利用"动态元素"使空间富于运动感,令人产生无限的遐想,具有很强的艺术感染力。这些手段(水体、植物、观光梯等)的运用可以很好地引导人们的视线和举止,有效地展示了室内景物,并暗示人们的活动路线。动态空间可以使用于客厅,但更多地会出现在公共的室内空间,例如,娱乐空间的舞台、商业空间的展示区域、酒店的绿化设计等,如图3-4所示。

图3-3　静态空间　　　图3-4　动态空间

（三）结构空间与交错空间

结构空间是一种通过对建筑构件进行暴露来表现结构美感的空间类型,其整体空间效果较质朴,如图3-5所示。

交错空间是一种具有流动效果,相互渗透,穿插交错的空间类型。其主要特点是韵律感强,有活力,有趣味,如图3-6所示。

图 3-5　结构空间　　　　图 3-6　交错空间

（四）凹入空间与外凸空间

凹入空间是指将室内界面局部凹入,形成界面进深层次的一种空间类型,其特点是私密性和领域感较强,如图 3-7 所示。

外凸空间是指将室内界面的局部凸出,形成界面进深层次的一种空间类型,其主要特点是视野开阔,领域感强,如图 3-8 所示。

 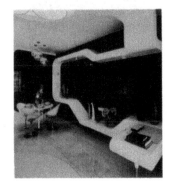

图 3-7　凹入空间　　　　图 3-8　外凸空间

（五）虚拟空间与共享空间

虚拟空间又称虚空间或心理空间。它处在大空间之中,没有明确的实体边界,依赖形体的启示,如家具、地毯、陈设等,唤起人们的联想,是心理层面感知的空间。虚拟空间同样具有相对的领域感和独立性。对虚拟空间的理解可以从两方面入手:一种是以物体营造的实际虚拟空间;另一种是指以照明、景观等设计手段创造的虚拟空间,它是人们心理作用下的空间。比如,舞台上投向演员的光柱,光线营造了强烈的空间感(见图3-9)。

共享空间是指将多种空间体系融合在一起,在空间形式的处理上采用"大中有小,小中有大,内外镶嵌,相互穿插"的手法而形成的一种层次分明、丰富多彩的空间环境,如图3-10所示。共享空间一般处在建筑的主入口处;常将水平和垂直交通连接为一体;强调了空间的流通、渗透、交融,使室内环境室外化,室外环境室内化。

图 3-9　虚拟空间　　　　图 3-10　共享空间

(六)下沉式空间与地台空间

下沉式空间是一种领域感、层次感和围护感较强的空间类型。它是将室内地面局部下沉,改变地面的高差,在统一的空间内产生一个界限明确,富有层次变化的独立空间,有较强的安全感,如图3-11所示。

地台空间是将室内地面局部抬高,使其与周围空间相比变得醒目与突出的一种空间类型。其主要特点是方位感较强,有升腾、崇高的感觉,层次丰富,中心突出,主次分明,如图3-12所示。

图 3-11　下沉式空间　　图 3-12　　地台空间

二、室内空间的分隔

室内空间的分隔是在建筑空间限定的内部区域进行的,它要在有限的空间中寻求自由与变化,于被动中求主动。它是对建筑空间的再创造。一般情况下,对室内空间的分隔可以利用隔墙与隔断、建筑构件和装饰构件、家具与陈设、水体、绿化等多种要素,按不同形式进行分隔。

（一）室内隔断的分隔

室内空间常以木、砖、轻钢龙骨、石膏板、铝合金、玻璃等材料进行分隔。形式有各种造型的隔断、推拉门和折叠门以及各式屏风等,如图 3-13 所示的木质隔断。

图 3-13　木质隔断分隔出的交通空间

一般来说，隔断具有以下特点：

①隔断有着极为灵活的特点。设计时可以按空间营造的需要设计隔断的开放程度，使空间既可以封闭，又可以相对通透。隔断的材料与构造决定了空间的封闭与开敞程度。

②隔断因其较好的灵活性，可以随意开启或者闭合。在大空间中利用隔断的形式可以划分数个小空间，实现空间功能的变换和整合。

③隔断的形态和风格要与室内设计风格相协调。例如，新中式风格的室内设计可以利用带有中式元素的屏风分隔室内不同的功能区域，从而形成视觉上的统一。

④在对空间进行分隔时，对于需要安静和私密性较高的空间可以使用隔墙来进行完全分隔，形成独立的室内空间。

⑤住宅的入口常以隔断（玄关）的形式将入口与起居室有效地分开，营造室内"灰空间"。起到遮挡视线，室内外空间过渡的作用。

（二）室内构件的分隔

室内构件包括建筑构件与装饰构件。例如，建筑中的列柱、楼梯、扶手属于建筑构件；屏风、博古架、展架属于装饰构件。构件分隔既可以用于垂直立面上，又可以用于水平的平面上。例如，图 3-14 所示的是室内构件划分的空间。

图 3-14　室内构件分隔

一般来说,构件的形式与特点有如下几个方面:

①对于水平空间过大、超出结构允许的空间,就需要一定数量的列柱。这样不仅满足了空间的需要,还丰富了空间的变化,排柱或柱廊还增加了室内的序列感。相反,宽度小的空间若有列柱,则需要进行弱化。在设计时可以与家具、装饰物巧妙地组合,或借用列柱做成展示序列。

②对于室内过分高大的空间,可以利用吊顶、下垂式灯具进行有效的处理,这样既避免了空间的过分空旷,又让空间惬意、舒适。

③对于钢结构和木结构为主的旋转楼梯、开放式楼梯,本身既有实用功能,同时对空间的组织和分割也起到了特殊作用。

④环形围廊和出挑的平台可以按照室内尺度与风格进行设计(包括形状、大小等),它不但能让空间布局、比例、功能更加合理,而且围廊与挑台所形成的层次感与光影效果,也为空间的视觉效果带来意想不到的审美感受。

⑤各种造型的构架、花架、多宝格等装饰构件都可以用来按需要分隔空间。

(三)家具与陈设的分隔

家具与陈设是室内空间中的重要元素,它们除了具有使用功能与精神功能之外,还可以组织与分隔空间。这种分隔方法是利用空间中餐桌椅、小柜、沙发、茶几等可以移动的家具,将室内空间划分成几个小型功能区域,例如,商业空间的休息区、住宅的娱乐视听区。这些可以移动的家具的摆放与组织还有效地暗示出人流的走向。

此外,室内家电、钢琴、艺术品等大型陈设品也对空间起到调整和分隔作用。家具与陈设的分隔让空间既有分隔,又相互联系。其形式与特点有如下几个方面:

①住宅中起居室的主要家具是沙发,它为空间围合出家庭的交流区和视听区。沙发与茶几的摆放也确定了室内的行走路线,

如图 3-15 所示的由家具划分的空间。

②公共的室内空间与住宅的室内空间都不应将储物柜、衣柜等储藏类家具放在主要交通流线上，否则会造成行走与存取的不便。

③餐厨家具的摆放要充分考虑人们在备餐、烹调、洗涤时的动线，做到合理的布局与划分。缩短人们在活动中的行走路线。

④公共办公空间的家具布置要根据空间不同区域的功能进行安排。例如，接待区要远离工作区；来宾的等候区要放在办公空间的入口，以免使工作人员受到声音的干扰。内部办公家具的布局要依据空间的形状进行安排设计，做到动静分开、主次分明。合理的空间布局会大大提高工作人员的工作效率。

图 3-15　家具分隔出的会客厅

（四）绿化与水体的分隔

室内空间的绿化、水体的设计也可以有效地分隔空间。具体来说，其形式与特点有如下几个方面：

①植物可以营造清新、自然的新空间。设计师可以利用围合、垂直、水平的绿化组织创造室内空间。垂直绿化可以调整界面尺度与比例关系；水平绿化可以分隔区域、引导流线；围合的植物创造了活泼的空间气氛。如图 3-16 所示为由树枝装饰的入口玄关。

图 3-16 由树枝装饰的玄关

②水体不仅能改变小环境的气候,还可以划分不同功能空间。瀑布的设计使垂直界面分成不同区域;水平的水体有效地扩大了空间范围。

③空间之中的悬挂艺术品、陶瓷、大型座钟等小品不但可以划分空间,还成为空间的视觉中心。

（五）顶棚的划分

在空间的划分过程中,顶棚的高低设计也影响了室内的感受。设计师应依据空间设计高度变化,或低矮或高深。其形式与特点有如下几个方面:

①顶棚照明的有序排列所形成的方向感或形成的中心,会与室内的平面布局或人流走向形成对应关系,这种灯具的布置方法经常被用到会议室或剧场。

②局部顶棚的下降可以增强这一区域的独立性和私密性。酒吧的雅座或西餐厅餐桌上经常用到这种设计手法。

③独具特色的局部顶棚形态、材料、色彩以及光线的变幻能够创造出新奇的虚拟空间。如图 3-17 的顶棚的设计就凸显出这一空间的功能。

④为了划分或分隔空间,可以利用顶棚上垂下的幕帘来进行

划分。例如,住宅中或餐饮空间常用布帘、纱帘、珠帘等分隔空间。

图 3-17　顶棚划分的阳光房

（六）地面的划分

利用地面的抬升或下沉划分空间,可以明确界定空间的各种功能分区。除此之外,用图案或色彩划分的地面,称为虚拟空间。其形式与特点有如下几个方面：

①区分地面的色彩与材质可以起到很好的划分和导识作用。如图 3-18 所示,石材与木质地面将空间明确地分成用餐区和会客区。

②发光地面可以用在物体的表演区。

③在地面上利用水体、石子等特殊材质可以划分出独特的功能区。

④凹凸变化的地面可以用来引导残疾人的顺利通行。

图 3-18　地面划分的客厅

三、空间的限定

（一）空间的限定方法

1. 设立法

设立是指把限定元素设置于原空间中，而在该元素周围限定出一个新的空间的方式。在该限定元素的周围常常可以形成一向心的组合空间，限定元素本身亦经常成为吸引人们视线的焦点。

图 3-19 为北京华都饭店休息厅。几个古朴淡雅的大瓷花瓶和一组软面沙发，限定出一处供人休憩交谈的场所，很具庄重典雅的中国气息。图 3-20 是英国利默豪斯电视演播中心接待大厅内景。结构需要且略加修饰的柱体既限定了大厅空间，又成为全厅的中心。

图 3-19　北京华都饭店休息厅

图 3-20　英国利默豪斯电视演播中心接待大厅

2. 围合法

围合法是指通过围合的方法来限定空间，是最典型的空间限定方法。在室内设计中用于围合的限定元素很多，常用的有隔断、隔墙、布帘、家具、绿化等。

　　图 3-21 是利用隔墙来分隔围合空间，a 是开有门洞的到顶隔墙，而 b 是不到顶的隔墙实例。图 3-22 是利用活动隔断来围合空间。图 3-23 是通过列柱分隔围合的空间，这种方法通透性极强，似围非围，似隔非隔，虽围而不断，成为空间限定中的常用设计手法。

　　（a）到顶隔墙　　　　（b）不到顶隔墙

图 3-21　隔墙围合空间

图 3-22　活动隔断围合空间

图 3-23　列柱分隔围合空间

3. 覆盖法

覆盖法是指通过覆盖的方式限定空间,亦是一种常用的方式,室内空间与室外空间的最大区别就在于室内空间一般总是被顶界面覆盖的,正是由于这些覆盖物的存在,才使室内空间具有遮强光和避风雨等特征。

图 3-24 是通过悬垂的发光顶棚限定了下面的空间。图 3-25 为一饭店的门厅,下垂的晶体波形灯帘限定了服务与休息空间,使空间既流通又有区分,十分适用于交通频繁的公共性场所。

图 3-24　悬垂发光顶棚限定空间

图 3-25　下垂波形灯帘限定空间

4. 凸起法

使用凸起法所形成的空间会高出周围的地面。在室内设计中,这种空间形式有强调、突出和展示等功能。如图 3-26 所示,在设计中故意将休息空间的地面升高,使其具有一定的展示性。

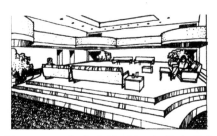

图 3-26 在升高的地面上休息就餐

5. 下沉法

下沉法是与凸起法相对的,这种方法能够使该领域低于周围的空间,在室内设计中常常能取得意想不到的效果。它既能为周围空间提供一处居高临下的视觉条件,而且易于营造一种静谧的气氛,同时亦有一定限制人们活动的功能。

图 3-27 是通过地面的局部下沉,限定出一个聚谈空间,增加了促膝谈心的情趣,同时也增添了室内空间的趣味。图 3-28 是一个下沉式的阅览空间,下沉部分的垂直面恰好与书架相结合,局部地面的下沉划分了空间,使大空间具有广阔的视野,丰富了空间层次。

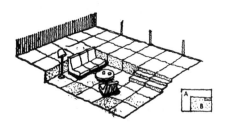

图 3-27 下沉地面限定空间

图 3-28 下沉式阅览空间

6.悬架法

悬架法是指在原空间中局部增设一层或多层空间的限定手法。上层空间的地面一般由吊杆悬吊、构件悬挑或由梁柱架起，这种方法有助于丰富空间效果。

图3-29为悬挑在空中的休息岛,有"漂浮"之感,趣味性很强。图3-30为美国国家美术馆东馆中央大厅内景,设置巧妙的夹层、廊桥使大厅空间互相穿插渗透,空间效果十分丰富。尤其是当人们仰目观看时,一系列廊桥、挑台、楼梯映入眼帘,阳光从玻璃顶棚倾泻而下,给人以活泼轻快和热情奔放之感。

图3-29　悬挑的休息岛具有很强的趣味性

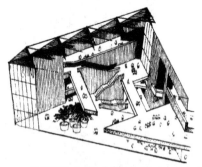

图3-30　美国国家美术馆东馆中央大厅内景

7.肌理、色彩、形状、照明等的变化

在室内设计中,通过界面质感、色彩、形状及照明等的变化,也常常能限定空间。这些限定元素主要通过人的意识而发挥作用,一般而言,其限定度较低,属于一种抽象限定。例如,图 3-31 就是通过地面色彩和材质的变化而划分出一个休息区,既与周围环境保持极大的流通,又有一定的独立性。

图 3-31　通过地面色彩和材质的变化来限定空间

（二）空间的限定度

1. 限定元素的特性

用于限定空间的限定元素,由于本身在质地、形式、大小、色彩等方面的差异,其所形成的空间限定度亦会有所不同。

表 3-1 即为在通常情况下,限定元素的特性与限定度的关系,设计人员在设计时可以根据不同的要求进行参考选择。

表 3-1 限定元素的特性与限定度的强弱关系表

限定度强	限定度弱
限定元素高度较高	限定元素高度较低
限定元素宽度较宽	限定元素宽度较窄
限定元素为向心形状	限定元素为离心形状
限定元素本身封闭	限定元素本身开放
限定元素凹凸较少	限定元素凹凸较多
限定元素质地较硬、较粗	限定元素质地较软、较细

限定度强	限定度弱
限定元素明度较低	限定元素明度较高
限定元素色彩鲜艳	限定元素色彩淡雅
限定元素移动困难	限定元素易于移动
限定元素与人距离较近	限定元素与人距离较远
视线无法通过限定元素	视线可以通过限定元素
限定元素的视线通过度低	限定元素的视线通过度高

2. 限定元素的组合方式

限定元素之间的组合方式与限定度存在着很大的关系。在现实生活中,不同限定元素具有不同的特征,加之其组合方式的不同,因而形成了一系列限定度各不相同的空间,创造了丰富多彩的空间感觉。由于室内空间一般都由上下、左右、前后六个界面构成,所以为了分析问题的方便,可以假设各界面均为面状实体,以此突出限定元素的组合方式与限定度的关系。

（1）垂直面与底面的组合

由于室内空间的最大特点在于它具备顶面,因此严格来说,仅有底面与垂直面组合的情况在室内设计中是较难找到实例的。这里之所以摒除顶面而加以讨论,一方面是为了能较全面地分析问题;另一方面在现实中亦会出现在一室内原空间中限定某一空间的现象。

①底面加一个垂直面——人在面向垂直限定元素时,对人的行动和视线有较强的限定作用。当人们背向垂直限定元素时,有一定的依靠感觉。

②底面加两个相交的垂直面——有一定的限定度与围合感。

③底面加两个相向的垂直面——在面朝垂直限定元素时,有一定的限定感。若垂直限定元素具有较长的连续性时,则能提高限定度,空间易产生流动感,室外环境中的街道空间就是典例。

④底面加三个垂直面——这种情况常常形成一种袋形空间,限定度比较高。当人们面向无限定元素的方向,则会产生"居中

感"和"安心感"。

⑤底面加四个垂直面——此时的限定度很大,给人以强烈的封闭感,人的行动和视线均受到限定。

（2）顶面、垂直面与底面的组合

这一种组合方法不但运用于建筑设计（即室内原空间的创造）之中,而且在室内原空间的再限定中也经常使用。

①底面加顶面——限定度弱,但有一定的隐蔽感与覆盖感,在室内设计中,常常通过在局部悬吊一个格栅或一片吊顶来达到这种效果。

②底面加顶面加一个垂直面——此时空间由开放走向封闭,但限定度仍然较低。

③底面加顶面加两个相交垂直面——如果人们面向垂直限定元素,则有限定度与封闭感,如果人们背向角落,则有一定的居中感。

④底面加顶面加两个相向垂直面——产生一种管状空间,空间有流动感。若垂直限定元素长而连续时,则封闭性强,隧道即为一例。

⑤底面加顶面加三个垂直面——当人们面向没有垂直限定元素时,则有很强的安定感;反之,则有很强的限定度与封闭感。

⑥底面加顶面加四个垂直面——这种构造给人以限定度高、空间封闭的感觉。

在实际工作中,正是由于限定元素组合方式的变化,加之各限定元素本身的特征不同,才使其所限定的空间的限定度也各不相同,由此产生了千变万化的空间效果。

第二节 室内设计的材料语言

一、装饰材料的分类

生活中常用的装饰装修材料主要有黄沙、水泥、黏土砖、木材、人造板材、钢材、瓷砖、合金材料、天然石材和各种人造材料，在当今高科技突飞猛进的时代，室内装饰行业所使用的材料也是日新月异、不断更新。下面介绍的各种材料具有鲜明的时代特征，反映了室内装饰行业的一些特点。

（一）铺地材料

铺地材料由过去的瓷砖、石材、地毯到趋向使用柚木、榉木等实木地板及现在大量使用的实木多层复合地板、欧式强化复合地板等环保型无毒、无污染的天然绿色材料。目前最新的负离子复合地板，不仅具有透气性好、冬暖夏凉、脚感舒适的特点，而且木纹图案美观、绚丽多彩、风格自然，并有使空气新鲜、除臭除害的功能。铺设在房间里显得更高雅大方、更协调、更完美。

（二）厨房设备

对一日三餐的洗、切、烧传统式厨房进行创新改革，采用彩色面板、仿真石板、防火板，将厨具中的操作台、立柜、吊柜、角柜等组合起来，由橱具厂家专业生产，排列成"一""L""U""品"等形，做成一整套设计完善的欧式厨房设备，实现烹饪操作电气化、使用功能安全化和清洗、消毒、储藏机械化，大大地减轻了炊事劳动。食渣处理器的应用，使厨房设备与现代化居室装饰日趋完美，是人们对于厨房"革命"的新追求。

（三）卫生洁具

其功能已从卫生发展为清洁、健身、理疗及休闲享受型。卫浴设备由单一白色，发展到乳白、黑、红、蓝等多种色彩；浴缸材料有铸铁、钢板到压克力、玻璃、人造大理石等；五金配件有单手柄冷（热）水龙头、恒温龙头、单柄多控龙头、防雾化妆镜、红外取暖器、智能浴巾架。此外，还采用高新电子技术，如太阳能热水器、红外定时冲洗便器、电动碎化马桶、电脑坐便器、压力式坐便器和喷水喷气按摩浴缸、电脑蒸汽淋浴房、光波浴房、气泡振动发生器等保健型卫浴设备，具有消除疲劳、健身舒适的享受功能。

（四）装饰五金

装饰五金制品更是标新立异、层出不穷。居室的门窗装饰装潢，材料有铜、不锈钢、双金属复合材料、铝木、铝合金、锌合金、水晶玻璃、大理石、ABS塑料；塑表面涂饰有仿金、银色、古铜色、氟碳树脂等各种色彩，可经镶、拼、嵌组合拼装配套；门窗有艺术雕刻金属门、红外感应自动门、无框门窗、中空玻璃窗、多用途防盗门窗、塑钢门窗等；与门窗建筑物配套的闭门器、地弹簧、暗铰链、防火拉手、艺术雕刻花纹拉手、各类图案的环、古典执手锁、电子锁、铝木门窗、浮雕彩绘拼嵌玻璃、红外遥控监视器等，使门窗装饰造型更美丽别致、更安全、更具有时代风貌。

（五）灯饰

灯饰用品一改过去的台灯、壁灯、落地灯、吸顶灯、庭院灯、水晶珠灯等单一性，发展到导轨灯、射灯、筒型灯、宫廷灯、荧光灯及新开发的电子感应的无接触红外控制灯、音频传感灯、触摸灯、智能化遥控调光灯、光导纤维壁纸灯等。配有艺术设计的灯具与室内环境设计及家具整体性的搭配，使居室装饰不但能体现大方简洁、格调高雅、富有情趣的特征，而且追求个性特色，讲究造型整体效果。

（六）墙纸

墙纸制品品种繁多,丝光墙纸、塑料墙纸、金属墙纸、防火阻燃墙纸、多功能墙纸、杀虫灭蚊墙纸、光导纤维发光墙纸、浮雕墙纸、仿砖墙和仿大理石等各种墙纸琳琅满目,花色品种繁多,图案清新雅致、明快。采用天然色素色彩,无毒、防菌、无污染、易粘贴等品种不断涌现。

二、室内装饰材料的性质与应用

（一）木材制品

木材由于其具有的独特性质和天然纹理,应用非常广泛。它不仅是我国具有悠久历史的传统建筑材料(如制作建筑物的木屋架、木梁、木柱、木门、窗等),也是现代建筑主要的装饰装修材料(如木地板、木制人造板、木制线条等)。

木材由于树种及生长环境的不同,其构造差别很大,而木材的构造也决定了木材的性质。

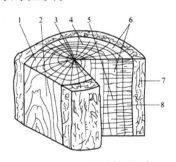

图 3-32　木材的构造

1—横切面；2—弦切面；3—髓心；4—年轮；
5—径切面；6—髓线；7—树皮；8—木质部

1. 木材的分类

（1）按叶片分类

按照叶片的不同主要可以分为针叶树和阔叶树。

针叶树树叶细长如针，树干通直高大，纹理顺直，表观密度和胀缩变形较小，强度较高，有较多的树脂，耐腐性较强，木质较软而易于加工，又称"软木"，多为常绿树。常见的树种有红松、白松、马尾松、落叶松、杉树、柏木等，主要用于各类建筑构件、制作家具及普通胶合板等。

阔叶树树叶宽大，树干通直部分较短，表观密度大，胀缩和翘曲变形大，材质较硬，易开裂，难加工，又称"硬木"，多为落叶树。硬木常用于尺寸较小的建筑构件（如楼梯木扶手、木花格等），但由于硬木具有各种天然纹理，装饰性好，因此，可以制成各种装饰贴面板和木地板。常见的树种有樟木、榉木、胡桃木、柚木、柳桉、水曲柳及较软的桦木、椴木等。

（2）按用途分类

按加工程度和用途的不同，木材可分为原木、原条和板方材等。

原木是指树木被伐倒后，经修枝并截成规定长度的木材。

原条是指只经修枝、剥皮，没有加工造材的木材。

板方材是指按一定尺寸锯解、加工成形的板材和方材。

2. 木材的性质

（1）轻质高强

木材是非匀质的各向异性材料，表观密度约为 $550kg/m^3$，且具有较高的顺纹抗拉、抗压和抗弯强度。我国是以木材含水率为 15% 时的实测强度作为木材的强度。木材的表观密度与木材的含水率和孔隙率有关，木材的含水率大，表观密度大；木材的孔隙率小，则表观密度大。

（2）保温隔热

木材孔隙率可达 50%，热导率小，具有较好的保温隔热性能。

（3）耐腐、耐久

木材只要长期处在通风干燥的环境中，并给予适当的维护或维修，就不会腐朽损坏，具有较好的耐久性，且不易导电。我国古建筑木结构已有几千年的历史，至今仍完好，但是如果长期处于50℃以上温度的环境，就会导致木材的强度下降。

（4）含水率高

当木材细胞壁内的吸附水达到饱和状态，而细胞腔与细胞间隙中无自由水时，这时木材的含水率称为纤维饱和点。纤维饱和点随树种的不同而不同，通常为 25% ~ 35%，平均值约为 30%，它是影响木材物理力学性能发生变化的临界点。

（5）吸湿性强

木材中所含水分会随所处环境温度和湿度的变化而变化，潮湿的木材能在干燥环境中失去水分，同样，干燥的木材也会在潮湿环境中吸收水分，最终木材中的含水率会与周围环境空气相对湿度达到平衡，这时木材的含水率称为平衡含水率，平衡含水率会随温度和湿度的变化而变化，木材使用前必须干燥到平衡含水率。

（6）弹、韧性好

木材是天然的有机高分子材料，具有良好的抗震、抗冲击能力。

（7）装饰性好

木材天然纹理清晰，颜色各异，具有独特的装饰效果，且加工、制作、安装方便，是理想的室内装饰装修材料。

（8）湿胀干缩

木材的表观密度越大，变形越大，这是由于木材细胞壁内吸附水引起的。顺纹方向胀缩变形最小，径向较大，弦向最大。当木材从潮湿状态干燥至纤维饱和点时，其尺寸不改变，如果继续干燥，当细胞壁中的吸附水开始蒸发时，则木材体积发生收缩；反之，干燥木材吸湿后，将发生体积膨胀，直到含水率达到纤维饱和点为止，此后，木材含水率继续增大，也不再膨胀。

木材的湿胀干缩对木材的使用有很大影响，干缩会使木结构构件产生裂缝或产生翘曲变形，湿胀则造成凸起。

（9）天然疵病

木材易被虫蛀、易燃,在干湿交替中会腐朽,因此,木材的使用范围和作用受到限制。

3. 木材的处理

（1）干燥处理

为使木材在使用过程中保持其原有的尺寸和形状,避免发生变形、翘曲和开裂,并防止腐朽、虫蛀,保证正常使用,木材在加工、使用前必须进行干燥处理。

木材的干燥处理方法可根据树种、木材规格、用途和设备条件选择。自然干燥法不需要特殊设备,干燥后木材的质量较好,但干燥时间长,占用场地大,只能干到风干状态。采用人工干燥法,时间短,可干至窑干状态,但如干燥不当,会因收缩不匀,而引起开裂。小材的锯解、加工应在干燥之后进行。

（2）防腐和防虫处理

在建造房屋或进行建筑装饰装修时,不能使木材受潮,应使木构件处于良好的通风条件环境,不得将木支座节点或其他任何木构件封闭在墙内;木地板下、木护墙及木踢脚板等宜设置通风洞。

木材经防腐处理,使木材变为含毒物质,杜绝菌类、昆虫繁殖。常用的防腐、防虫剂有:水剂(硼酚合剂、铜铬合剂、铜铬砷合剂和硼酸等),油剂(混合防腐剂、强化防腐剂、林丹五氯酚合剂等),乳剂(二氯苯醚菊酯)和氟化钠沥青膏浆等。处理方法可用涂刷法和浸渍法,前者施工简单,后者效果显著。

（3）防火处理

木材是易燃材料,在进行建筑装饰装修时,要对木制品进行防火处理。木材防火处理的通常做法是在木材表面涂饰防火涂料,也可把木材放入防火涂料槽内浸渍。

根据胶结性质的不同,防火涂料分油质防火涂料、氯乙烯防火涂料、硅酸盐防火涂料和可赛银（酪素）防火涂料。前两种防火涂料能抗水，可用于露天结构上；后两种防火涂料抗水性差，可用于不直接受潮湿作用的木构件上。

（二）石材制品

1.常见石材的品种

（1）大理石

大理石是变质岩，它具有致密的隐晶结构，硬度中等，碱性岩石，其结晶主要由云石和方解石组成，主要成分以碳酸钙为主，占50%以上。我国云南大理县以盛产大理石而驰名中外（见图3-33）。

大理石具有独特的装饰效果。品种有纯色及花斑两大系列，花斑系列为斑驳状纹理，品种多色泽鲜艳，材质细腻。抗压强度较高，吸水率低，不易变形。硬度中等，耐磨性好，易加工，耐久性好。

大理石主要用于建筑物室内的墙面、柱面、栏杆、窗台板、服务台、楼梯踏步、电梯间、门脸等的饰面，也可以制造成工艺品、壁面和浮雕等。

图3-33　大理石材

（2）花岗岩

花岗岩是指具有装饰效果，可以磨平、抛光的各类火成岩。花岗岩具有全晶质结构，材质硬，其结晶主要由石英、云母和长石组成，主要成分以二氧化硅为主，占65% ~ 75%。

花岗岩的板材主要用作建筑室内外饰面材料以及重要的大型建筑物基础踏步、栏杆、堤坝、桥梁、路面、街边石、城市雕塑及铭牌、纪念碑、旱冰场地面等。

（3）人造石材

我国在20世纪70年代末开始从国外引进人造石材样品、技术资料及成套设备，80年代进入了生产发展时期，目前我国人造石材有些产品质量已达到国际同类产品的水平，并广泛应用于宾馆、住宅的装饰装修工程中。

人造石材不但具有材质轻、强度高、耐污染、耐腐蚀、无色差、施工方便等优点，且因工业化生产制作，使板材整体性极强，可免去翻口、磨边、开洞等再加工程序。

人造石材一般适用于客厅、书房、走廊的墙面、门套或柱面装饰，还可用作工作台面及各种卫生洁具，也可加工成浮雕、工艺品、美术装潢品和陈设品等。

人造石材包括水泥型人造石材、聚酯型人造石材、复合型人造石材、烧结型人造石材、微晶玻璃型人造石材等。

2.石材的选择

（1）表面观察

由于地理、环境、气候、朝向等自然条件不同，石材的构造也不同，有些石材具有结构均匀、细腻的质感，有些石材则颗粒较粗，不同产地、不同品种的石材具有不同的质感效果，必须正确地选择需用的石材品种。

（2）规格尺寸

石材规格必须符合设计要求，铺贴前应认真复核石材的规格尺寸是否准确，以免造成铺贴后的图案、花纹、线条变形，影响装饰效果。

（3）试水检验

通常在石材的背面滴上一小粒墨水，如墨水很快四处分散浸出，即表明石材内部颗粒松动或存在缝隙，石材质量不好；反之，若墨水滴在原地不动,则说明石材质地好。

（4）声音鉴别

听石材的敲击声音是鉴别石材质量的方法之一。好的石材其敲击声清脆悦耳,若石材内部存在轻微裂隙或因风化导致颗粒间接触变松的现象,则敲击声粗哑。

（三）陶瓷制品

1.陶瓷砖的品种

（1）釉面内墙砖

釉面内墙砖又名釉面砖、瓷砖、瓷片、釉面陶土砖。釉面砖是以难熔黏土为主要原料,再加入非可塑性掺料和助熔剂,共同研磨成浆,经榨泥、烘干成为含有一定水分的坯料,并通过机器压制成薄片,然后经过烘干素烧、施釉等工序制成。釉面砖是精陶制品,吸水率较高,通常大于 10% 的（不大于 21%）属于陶质砖（见图 3-34）。

釉面砖正面施有釉,背面呈凹凸状,釉面有白色、彩色、花色、结晶、珠光、斑纹等品种。

（2）墙地砖

墙地砖以优质陶土为原料,再加入其他材料配成主料,经半干并通过机器压制成型后于 1100℃ 左右焙烧而成。墙地砖通常指建筑物外墙贴面用砖和室内外地面用砖,由于这类砖通常可以墙地两用,故称为墙地砖。墙地砖吸水率较低,均不超过 10%。墙地砖背面旱凹凸状,以增加其与水泥砂浆的黏结力。

墙地砖的表面经配料和工艺设计可制成平面、毛面、磨光面、抛光面、花纹面、仿石面、压花浮雕面、无光铀面、金属光泽面、防滑面、耐磨面等品种。

图 3-34　陶瓷砖装饰效果

2．陶瓷砖的选用

（1）外观检查

瓷砖的色泽要均匀,表面光洁度及平整度要好,周边规则,图案完整,从一箱中抽出四五片察看有无色差、变形、缺棱少角等缺陷。

（2）声音鉴别

用硬物轻击,声音越清脆,则瓷化程度越高,质量越好,如声音沉闷、滞浊为下品。

（3）滴水试验

可将水滴在瓷砖背面,看水散开后浸润的快慢,一般来说,吸水越慢,说明该瓷砖密度越高,质量就越好;反之,吸水越快,说明瓷砖密度越低,质量就越差。

（4）规格尺寸

通常来讲,瓷砖边长的精确度越高,铺贴后的效果越好。

（5）硬度划痕

瓷砖以硬度良好、韧性强、不易破碎为上品。用瓷砖的残片棱角互相划痕,察看破损的碎片断裂处是细密还是疏松即可检验。

（6）密度掂量

用手掂砖,看手感沉重与否,是则致密度高,硬度高,强度高,反之,则质地较差。

（7）釉面识别

在 1m 内以肉眼观察表面有无针孔,若有,则为下品。

（四）塑料制品

1. 塑料的性质

在装饰工程中,采用塑料制品代替其他装饰材料,不仅能获得良好的装饰及艺术效果,而且还能减轻建筑物自重,提高施工效率,降低工程费用。近年来,塑料制品在装饰工程中的应用范围不断扩大。

（1）质量较轻

塑料的密度在 $0.9 \sim 2.2/cm^3$ 之间,平均约为钢的 1/5、铝的 l/2、混凝土的 1/3,与木材接近。因此,将塑料用于建筑工程,不仅可以减轻施工强度,而且可以降低建筑物的自重。

（2）导热性低

密实塑料的热导率一般为 $0.12 \sim 0.8W/（m·K）$,约为金属的 1/500 ～ 1/600。泡沫塑料的热导率只有 $0.02 \sim 0.046W/（m·K）$,约为金属材料的 1/1500、混凝土的 1/40、砖的 1/20,是理想的绝热材料。

（3）比强度高

塑料及其制品轻质高强,其强度与表观密度之比（比强度）远远超过混凝土,接近甚至超过了钢材,是一种优良的轻质高强材料。

（4）稳定性好

塑料对一般的酸、碱、盐、油脂及蒸汽的作用有较高的化学稳定性。

（5）绝缘性好

塑料是良好的电绝缘体,可与橡胶、陶瓷媲美。

（6）多功能性

塑料的品种多,功能各异。某种塑料的性能通过改变配方后,其性能会发生变化,即使同一制品也可具有多种功能。如塑料地板不仅具有较好的装饰性,而且还有一定的弹性、耐污性和隔声性。

（7）装饰性优异

塑料表面能着色,可制成色彩鲜艳、线条清晰、光泽明亮的图案,不仅能取得大理石、花岗岩和木材表面的装饰效果,而且还可通过电镀、热压、烫金等制成各种图案和花纹,使其表面具有立体感和金属的质感。

（8）经济性好

建筑塑料制品的价格一般较高,如塑料门窗的价格与铝合金门窗的价格相当,但由于它的节能效果高于铝合金门窗,所以无论从使用效果,还是从经济方面比较,塑料门窗均好于铝合金门窗。建筑塑料制品在安装和使用过程中,施工和维修保养费用也较低。

除以上优点外,塑料还具有加工性能好,有利于建筑工业化等优良特点。但塑料自身尚存在着一些缺陷,如易燃、易老化、耐热性较差、弹性模量低、刚度差等弱点。

2. 塑料制品的品种

（1）塑料地板

塑料地板按材质分类可分为聚氯乙烯树脂塑料地板、聚乙烯－醋酸乙烯塑料地板、聚丙烯树脂塑料地板、氯化聚乙烯树脂塑料地板。

塑料地板主要有以下特性:轻质、耐磨、防滑、可自熄。回弹性好,柔软度适当,脚感舒适,耐水,易于清洁。规格多,造价低,施工方便。花色品种多,装饰性能好。可以通过彩色照相制版印刷出各种色彩丰富的图案。

（2）塑料门窗

为了增强塑料门窗的刚性,通常在塑料型材的空腔内增加钢材（加强筋）形成塑钢窗、塑钢门（见图3-35）。

塑料窗具有如下特点：耐水耐腐蚀，隔热性能好，气密性好，隔声性好，装饰性好，易于保养，价格经济，节约能源。

塑料门与塑料窗一样具有相应的优点，主要有镶板门、框板门、折叠门等各种类型。

（3）壁纸

塑料壁纸是以一定材料为基材，表面进行涂塑后，再经过印花、压花或发泡处理等多种工艺而制成的一种饰面装饰材料。

塑料壁纸有非发泡塑料壁纸、发泡塑料壁纸、特种塑料壁纸（如耐水塑料壁纸、防霉塑料壁纸、防火塑料壁纸、防结露塑料壁纸、芳香塑料壁纸、彩砂塑料壁纸、屏蔽塑料壁纸）等。

图 3-35　塑料门窗

塑料壁纸质量等级可分为：优等品、一等品、合格品，且都必须符合国家关于《室内装饰装修材料壁纸中有害物质限量》强制性标准所规定的有关条款。

塑料壁纸具有以下特点：

装饰效果好。由于壁纸表面可进行印花、压花及发泡处理，能仿天然行材、木纹及锦缎，达到以假乱真的地步，并通过精心设计，印刷适合各种环境的花纹图案，几乎不受限制，色彩也可任意调配，做到自然流畅、清淡高雅。

性能优越。根据需要可加工成难燃、隔热、吸声、防霉性，且不易结露，不怕水洗，不易受机械损伤的产品。

适合大规模生产。塑料的加工性能良好，可进行工业化连续生产。

黏结方便。纸基的塑料壁纸，用普通 801 胶或白乳胶即可粘贴，且透气好,可在尚未完全干燥的墙面粘贴,而不致造成起鼓、剥落。

使用寿命长,易维修保养。表面可清洗,对酸碱有较强的抵抗能力。

（五）玻璃制品

1. 玻璃的作用

采光,用于各种门、窗玻璃等。

围护、分隔空间,指各类室内玻璃隔墙、隔断等。

控制光线,如外墙有色玻璃、镀膜玻璃等。

反射,指镜面玻璃。

保温、隔热、隔声、安全等多功能,如夹层玻璃、中空玻璃、钢化玻璃等。

艺术效果,经着色、刻花等工艺处理,可制成玻璃屏风、玻璃花饰、玻璃雕塑品等,使玻璃成为良好的艺术装饰材料。

2. 玻璃的品种

（1）普通平板玻璃

普通平板玻璃具有良好的透光透视性能,透光率达到85%左右,紫外线透光率较低,隔声,略具保温性能,有一定机械强度,为脆性材料。

普通平板玻璃主要用于房屋建筑工程,部分经加工处理制成钢化、夹层、镀膜、中空等玻璃,少量用于工艺玻璃。

一般建筑采光用 3 ~ 5mm 厚的普通平板玻璃;玻璃幕墙、栏板、采光屋面、商店橱窗或柜台等采用 5 ~ 6mm 厚的钢化玻璃;公共建筑的大门则用 12mm 厚的钢化玻璃。

玻璃属易碎品,故通常用木箱或集装箱包装。平板玻璃在贮存、装卸和运输时,必须盖朝上、垂直立放,并需注意防潮、防水。

（2）钢化玻璃

钢化玻璃又称强化玻璃,它是利用加热到一定温度后迅速冷却的方法或化学方法进行特殊钢化处理的玻璃,其强度比未经钢化处理的玻璃高 4 ～ 6 倍（见图 3-36）。

钢化玻璃是普通平板玻璃的二次加工产品,钢化玻璃的生产可分为物理钢化法和化学钢化法。物理钢化又称淬火钢化,是将普通平板玻璃在炉内加热至接近软化点温度（650℃左右）,使玻璃通过本身的变形来消除内部应力,然后移出加热炉,立即用多头喷嘴向玻璃两面喷吹冷空气,使其迅速均匀地冷却,当冷却到室温时,便形成了高强度钢化玻璃。

钢化玻璃一般具有如下特点:

机械强度高,具有较好的抗冲击性,安全性能好,当玻璃破碎时,碎裂成圆钝的小碎块,不易伤人。热稳定性好,具有抗弯及耐急冷急热的性能,其最大安全工作温度可达到 287.78℃。钢化玻璃处理后不能切割、钻孔、磨削,边角不能碰击扳压,选用时需按实际规格尺寸或设计要求进行机械加工定制。

图 3-36　钢化玻璃

（3）夹丝玻璃

夹丝玻璃是安全玻璃的一种,它是将预先纺织好的钢丝网,压入经软化后的红热玻璃中制成。其特点是安全、抗折强度高,热稳定性好。夹丝玻璃可用于各类建筑的阳台、走廊、防火门、楼梯间、采光屋面等。

（4）中空玻璃

中空玻璃按原片性能分为普通中空、吸热中空、钢化中空、夹层中空、热反射中空玻璃等。中空玻璃是由两片或多片平板玻璃沿周边隔开,并用高强度胶黏剂和密封条粘接密封而成,玻璃之间充有干燥空气或惰性气体（见图 3-37）。

中空玻璃还可以制成各种不同颜色或镀以不同性能的薄膜,

整体拼装构件是在工厂完成的,有时在框底也可以放上钢化、压花、吸热、热反射玻璃等,颜色有无色、茶色、蓝色、灰色、紫色、金色、银色等。中空玻璃的玻璃与玻璃之间留有一定的空腔,因此具有良好的保温、隔热、隔声等性能。如在空腔中充以各种能漫射光线的材料或介质,则可获得更好的声控、光控、隔热等效果。

中空玻璃用于房屋的门窗、车船的门窗、建筑幕墙以及需要采暖保温、防止噪声、防止结露的建筑物。

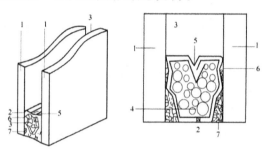

图 3-37　中空玻璃的构造

1—玻璃原片；2—空心铝隔框；3—干燥空气；

4—干燥剂；5—缝隙；6、7—黏结剂

（5）变色玻璃

变色玻璃有光致变色玻璃和电致变色玻璃两大类。在玻璃中加入氯化银,或在玻璃与有机夹层中加入钼和钨的感光化合物,就能获得光致变色玻璃。光致变色玻璃受太阳光或其他光线照射,颜色随光线的增强而逐渐变暗,当照射停止又恢复原来的颜色。

变色玻璃能自动控制进入室内的太阳辐射能,从而降低能耗,改善室内的自然采光条件,具有防窥视、防眩光的作用。变色玻璃可用于建筑门、窗、隔断和智能化建筑。

（六）石膏

石膏是一种白色粉末状的气硬性无机胶凝材料,具有孔隙率大(轻)、保温隔热、吸声防火、容易加工、装饰性好的特点,所以在建筑装饰装修工程中被广泛使用。下面是几种常用的石膏装饰材料。

1. 石膏板

石膏板是以建筑石膏为主要原料而制成的,具有质轻、绝热、不燃、防火、防震以及方便、调节室内湿度等特点。为了增强石膏板的抗弯强度,减小脆性,往往在制作时掺加轻质填充料,如锯末、膨胀珍珠岩、膨胀蛭石、陶粒等。

以轻钢龙骨为骨架,石膏板为饰面材料的轻钢龙骨石膏板构造体系是目前我国建筑室内轻质隔墙和吊顶制作的最常用做法。其特点是自重轻,占地面积小,增加了房间的有效使用面积,施工作业不受气候条件影响,安装简便。

2. 石膏浮雕

以石膏为基料加入玻璃纤维可加工成各种平板、小方板、墙身板、饰线、灯圈、浮雕、花角、圆柱、方柱等,用于室内装饰。其特点是能锯、钉、刨、可修补、防火、防潮、安装方便(见图 3-38)。

图 3-38　墙面石膏浮雕

3. 矿棉板

矿物棉、玻璃棉是新型的装饰材料,具有轻质、吸声、防火、保温、隔热、美观大方、可钉可锯、施工简便等优良性能,装配化程度高,完全是干作业,是高级宾馆、办公室、公共场所比较理想的顶棚装饰材料。

矿棉装饰吸声板是以矿渣棉为主要材料,加入适量的黏结剂、防腐剂、防潮剂,经过配料、加压成形、烘干、切割、开榫、表面精加工和喷涂而制成的一种顶棚装饰材料。

矿棉吸声板的形状,主要有正方形和长方形两种,常用尺寸有:500mm×500mm、600mm×600mm 或 300mm×600mm、600mm×1200mm等,其厚度为 9~20mm。矿物棉装饰吸声板表面有各种色彩,花纹图案繁多,有的表面加工成树皮纹理,有的则加工成小浮雕或满天星图案,具有各种装饰效果。

（七）水泥

1. 水泥的品种

水泥是一种粉末状物质,它与适量水拌和成塑性浆体后,经过一系列物理化学作用能变成坚硬的水泥石,水泥浆体不但能在空气中硬化,还能在水中硬化,故属于水硬性胶凝材料。水泥、砂子、石子加水胶结成整体,就成为坚硬的人造石材（混凝土）,再加入钢筋,就成为钢筋混凝土（见图 3-39）。

建筑装饰装修工程主要用的水泥品种是硅酸盐水泥、普通硅酸盐水泥、白色硅酸盐水泥。

图 3-39 大宗水泥材料

2. 水泥的应用

水泥作为饰面材料还需与砂子、石灰（另掺加一定比例的水）等按配合比经混合拌和组成水泥砂浆或水泥混合砂浆（总称抹面砂浆）,抹面砂浆包括一般抹灰和装饰抹灰。砂浆抹灰操作如图 3-40所示。

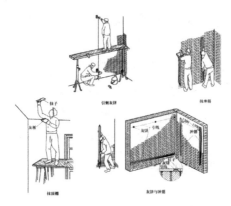

图 3-40 砂浆抹灰操作示意图

第三节 室内设计的工艺语言

室内装饰的施工工艺流程对于施工能否顺利进行和装修的整体质量会产生很大的影响,甚至可以说,装饰施工工艺流程的制定和执行是决定室内设计水平的一杆标尺。

一、墙体改造

墙体改造施工工序中需要注意的环节有如下几项:

(1)隔断墙才能拆除,承重墙不能破坏。

(2)拆除墙体会产生很大的噪声,所以最好选择在非节假日和非午休时间进行。

(3)在一些私密空间,新砌的隔断墙如果采用的是龙骨加石膏板的做法,就必须在中间夹上吸音棉,以提高隔断墙的隔音能力。

二、水电改造

水电改造施工工序中需要注意的环节主要有以下几项:

(1)水电工程从材料到施工的质量需要严格控制,一是因为目前水电改造大多数采用暗装的方式,一旦出现问题,维修极不方便；二是水电工程一旦出现问题，损失的可能不只是金钱，还可能造成极大的安全问题。

（2）电位的数量要仔细询问业主的需要，根据业主的实际需求设定电位数量。原则上是"宁多毋少"。多一两个最多就是显得不太美观，但若少了的话就会对日常生活造成不便。

（3）目前不少家庭，关于橱柜的选择一般都采用厂家定做的方式，因而在水电改造的同时需要联系橱柜厂家来进行实地测量和设计，根据橱柜的设计确定插座、开关的数量和位置以及水槽的大小和位置。

三、泥水工程

泥水工程施工工序中需要注意的环节主要有以下几项：

（1）装修工程中的防水工程大多数也是由泥水工人完成的，因而也可以将防水工程归入这个工序。做防水需要特别注意，在一些用水较多的空间，如卫生间、生活阳台等处绝对不能省略防水处理，也不能漏刷少刷。漏刷少刷任何一处都有可能导致将来发生渗漏，一旦渗漏，不仅对自己的室内造成损害，而且还会因为渗漏到楼下给他人带来麻烦。

（2）在泥水工程施工的同时，可以请空调商家派人先将空调孔打好。打空调孔时粉尘极多，所以应该尽量在泥水施工的同时或油漆工程完工之前进行。

四、油漆工程

油漆工程是装修中的面子工程，木工做完后最终效果是要靠油漆工程来完成，所以业内有"三分木，七分油"的说法。油漆工程通常包括木制品油漆、墙面乳胶漆及其他各类特种涂料的施工。

油漆工程施工工序中需要注意的环节主要有以下几项：

（1）在油漆工程施工时，需要停掉那些会制造粉尘的施工，给油漆施工营造一个相对干净、无尘的环境，以避免粉尘对油漆施工的影响,这样才能确保油漆施工的质量。

（2）墙面乳胶漆的施工必须是一底两面,即刷一遍底漆,刷两遍面漆。不少施工省略了底漆,这样可能会造成面漆吸附不牢和易碱化的问题。

（3）墙面乳胶漆刷最后一遍面漆最好安排在安装开关插座、铺地板之类的安装工程之后,这些安装工程难免会对墙面造成一定的污损,所以将最后一遍面漆留到安装工程之后进行可以在一定程度上弥补这些问题。

五、安装工程

安装工程指的是各种材料和制品的安装,包括开关插座的安装、厨卫铝扣板天花的安装、橱柜的安装、卫浴产品及配件的安装、暖气的安装、门锁的安装、灯具的安装等。

安装工程施工工序中需要注意的环节主要有以下几项:

（1）目前,厨卫空间的吊顶多采用铝扣板天花,铝扣板天花安装可以找商家提供,这样出了问题责任明确。如果由装饰公司安装,出了问题很难说清楚是材料的问题还是安装的问题。同时在安装铝扣板天花时还需要同时考虑浴霸和厨卫灯具的安装。尤其是浴霸,通常是由商家提供安装,因而要协调好铝扣板天花和浴霸安装的时间,最好是同步进行。

（2）橱柜安装也是由厂家提供的,需要注意的是安装橱柜时需要提前买好水槽、抽油烟机、燃气灶、微波炉、消毒柜等设备,到时和橱柜一起安装。目前非常流行整体橱柜,甚至连冰箱等设备都整合在橱柜里,所以在橱柜设计、定做之前就必须把相关的电器、用具的需要及尺寸确定。

（3）门锁的安装安排在油漆工程结束之后进行,如果之前就安装好了门锁,上漆时门锁容易沾上油漆,不易清除。

第四章 室内设计精神层面的语言分析

室内设计是一门实用型的艺术,其作品是一种艺术的创造,本章主要研究室内设计精神层面的语言,包括室内设计的情感语言、室内设计的风格与流派语言以及审美语言。

第一节 室内设计的情感语言

一、设计艺术中的情感

设计艺术是一门实用型的艺术,设计作品也是一种艺术的创造,用来唤起并激发人们愉悦的情感体验,使其产生正面态度。设计艺术通过潜移默化人们的生活,使其习惯于采用表现性的形式使我们生活在情感符号组成的现实世界中,具有了人的意味。在设计工作中,设计师们通过各种有意味形式的设计语言,传递、主动激发人们的情感体验,使人们在解读艺术空间的意味时,能产生类似的情感和体验,从而达到信息交流中的情感共鸣,如何把握好在设计中所运用的情感符号和对人们可能产生的情感体验之间的准确关系,才是情感正确表达与接收的关键所在。

那么,设计艺术中的情感有何规律可循呢?我们知道产生源于需求,意大利学者维托里奥·马尼亚戈·兰普尼亚尼在《设计与激情》一文中说:"一项设计既不应是独出心裁或是令人感兴趣的,也不是妙趣横生或是令人啼笑皆非的,一件设计萌生于具体的需求……"

　　由此我们可以看出,艺术设计中的情感不是一种脱离功利性的情感,它是伴随着设计目的性实现的过程产生的。从开始的一刻,就是以功利性的需要作为基本前提的,其中所有的情感体验都不可能脱离目的性的需要,即使是设计中的情感体验也是如此。在这种目的性的情感体验中,有为实现目的性而激发的情感体验——利用情感作为一种动力,以及目的实现过程中所激发的情感——情感是人们对环境的感知所带来相应的变化。所以,艺术设计中的情感首先是具有明确目的性的,本质上是为了满足人们对某种功能的需要而进行的,给人情感上的愉悦并非其本质目的,能够激发人的审美情感还是为了能使设计更加符合目的性的需要;设计中的情感体验,是人与物之间相互作用关系的结果,环境对于设计中的情感具有重要的作用,从情绪的认知理论我们可以了解到外在的情境对于引起情绪产生重要影响,设计中的情感很大程度上来自人处于该环境具有交互活动的情境中,相互之间产生情感体验,情感体验又反过来影响人与环境之间的相互行为;同时设计艺术中的情感具有多层次和多样性的特点。直接通过感知引起生理变化导致情绪发生的感性的情感和通过理解分析与更深层次意义相联系产生更高层次的理性的情感。我们了解了设计艺术中情感的特征就可以根据服务目的性的特点,所针对需要的多层次性、复杂多样性,来激发不同类型、层面的情感体验,包含有审美带来的愉悦感以及更多其他类型的情感。自然这种多层次、多样性的情感体验,又能够给设计师提供创意的多种可能性,更好地提出针对性设计。

二、空间环境中的情感语言及其表达方式

(一)空间环境中的情感语言

　　"情感的或精神的内容可以在声音、形状、图像、线条和色彩等构成的物理结构中得到艺术的体现。"日常生活中,我们所处的

任何人造空间环境,不管是室内结构的布置、空间的划分、家具的摆放、色彩的装饰等,都可以表现出特定的情感意味,因而能影响生活在这个环境中的人们的情感心理。人总是处在一定的空间环境中的,人与空间之间进行的互动交流使得这个特定的环境中充满了特定的情感意味。在形容一个人性化的空间时,除了人与空间一定的功能关系,还包含了审美、想象、浪漫的、充满人情味的感情因素,人置身其中,必然受到环境气氛的感染而得到精神上的享受,从心理产生情感的波澜。深刻的情感体验与情感共鸣产生于人与环境相互作用之间,空间因为人而有情,空间环境作用于人,同时人们也将自己的心情作用于空间环境。比如,欧式风格住宅中的壁炉设计体现出的是安逸、舒适生活的精神享受,这已经超越了壁炉原本取暖的基本功能,当代的室内设计中已经使其完全成为装饰和情感的表现物。在壁炉上做许多精致的装饰,就使它更偏重于这种精神功能,或者把它作为寄情之物的语言来表达人对于住宅环境的情感(见图4-1)。

图4-1　局部空间设计情感表现

例如,设计教堂的室内空间,往往设计语言表现出的形状、尺度、光线、色彩等,都会让人感觉到神的伟大和人的渺小,这是由设计项目的主题需求所决定的。游乐场五光十色的环境,活泼多样的形象,激烈明快的节奏,给人的感受是愉悦与欢畅的,这些都是人在特定的建筑环境中产生的心理情感反映,在特定空间环境中的采用特定的情感语言表现。另外,在室内设计中材料语言、色彩语言的运用都以传达情感作用为更高层次的设计要求。比如,引"以色传神,以色抒情,以色写意",努力发挥色彩的情感作用,色彩既是传递信息的工具,也是美化环境以情感交流的手段。法国画家柯罗指出,你所用的一切色彩要服从你的感情,没有感情的"色",是激不起欣赏者的"情"的。

"人的感情(来自生活的)各异,它反涂于建筑的感情自然也各不相同。人对包括建筑在内的外在物态的高级心理感受(包括伦理的、审美的)人人都有,而由于生活、习俗的不同而导致了差异性。建筑形式千姿百态,人的感情也多种多样,所以建筑的感情语言是复杂的,这里只能约略地讨论一些典型的感情语言。但这样一来,也许能进一步认识所谓的建筑文化,它的中心是一个'情'字。这个'情',是广义的,包括人情味,包括伦理作用下的人情,包括现代社会结构下的人情,以及否定感情的'无情'。"在现代,人们对建筑环境所怀的感情需求显然是人对大自然的感情和人对人的感情,人们希望这两方面都能在建筑上得到反映,而不被由人自己创造出来的"现代物质文明"所"奴役"。这种需求既是精神的,也是物质的。

室内设计中的情感创造也一直是设计师们努力追求的方向,比如,内部空间着意变化并追求小洞投射光感效果的朗香教堂,给人们以相当大的摄灵性,运用特殊的建筑形态表达了特殊的情感特征。设计大师赖特曾说过:"建筑是包含在人们自己建造的世界中人类对自己的伟大感受。"从他的草原住宅、流水别墅及古根海姆美术馆等作品中,人们都可以看出他刻意寻求建筑的"人情味"用心的最佳表现。更多的室内设计朝着人们所期望的情感方向发展,比如,与大自然更多的亲近设计,贴近人心、人情,寻求在公共空间中情感交流的有效传达。在现代医疗环境设计中,回归自然、寻求高科技与高情感的平衡,创造人性化的医疗环境,从生理、心理和社会需求方面更深刻的理解和创造柔化高技术、渗入人情味的有效手段等不同方面各种类型的设计情感探索。芬兰建筑师阿尔托则是直接地提出建筑要人情化,他说建筑设计应该"以解决人情和心理要求为目标",认为现代建筑的最新课题是使合理的方法突破技术范畴而进入人情和心理的领域。另外,还有我国的传统民居街巷及住宅室内外环境布局都可视作具有情感味的空间,表现出与人的情感交流(见图 4-2)。

图 4-2　中国传统风格的情感设计表达

(二)情感语言的表达方式

室内设计语言与心灵的交流形式本身是一种运动的状态,一方面随着空间感受者位置的不断变化,他所看到和感受到的是不断变化和运动着的;另一方面空间感受者的心理状态随时发生改变。它时刻处于一种运动的过程中,在这个过程中有诉说的对象,有倾听的受众,还有供交流的特定言语。室内设计语言这种形式和其他的语言形式有着许多共同之处,它之所以能充当空间与人交流的介质,是因为室内设计语言和其他语言一样,其中承载了人类情感和需要表达传递的信息。从这一层面来看,环境是刺激,人的心理活动则是反映。以一个运动发展着的过程看待该问题,就可以将室内设计语言的传达功能摆在一个主导的地位。在设计中以过程论的观点考虑所要设计的空间和所要应用到的空间语言,就会把二者看作一个整体来考虑,避免了室内设计语言自说自话的误区,从而使空间与人的交流具有可推理性、可操作性和可规划性。有了这样一个看待问题的角度,就会使空间语言与心灵的对话逐渐清晰起来变得不再神秘,变得实实在在,从而实现真正意义上的室内设计语言与人心灵的交流及挖掘和发挥其所具有的社会使命。

室内设计情感语言的表达方式主要有三种,即诉说、倾听和共鸣。

第二节 室内设计的风格与流派语言

室内设计的风格和流派往往是和建筑、家具、绘画,其至文学、音乐等的流派紧密结合、相互影响的。21世纪的多元化文化导致室内设计的风格与流派仍呈现变化纷繁的趋势,其类型划分还在进一步的研究和探讨过程中,本节所论述的风格与流派的名称也不作为定论,仅作为学习与研究的参考,或许对室内设计的分析与创作有所启迪。

一、室内设计的风格语言分析

(一)西洋古典风格

西洋古典风格是近年来室内设计中最流行的风格之一,包括古埃及风格、古希腊风格、古罗马风格、哥特式风格、文艺复兴风格、巴洛克风格、洛可可风格、新艺术运动风格、现代主义运动风格等。与其他风格相比,西洋古典风格最显豪华气派,装修上最容易出效果,因而受到广泛的欢迎。西洋古典风格实际上继承了古典风格中的精华部分并予以提炼,其特点是强调古典风格的比例、尺度及构图原理,对复杂的装饰予以简单化或抽象化。

1. 古代风格

（1）古埃及风格

古埃及人建造了举世闻名的金字塔、法老宫殿及神灵庙宇等建筑物，这些艺术精品虽经自然侵蚀和岁月洗礼，但仍然可以通过存世的文字资料和出土的遗迹依稀辨认出当时的规模和室内装饰的基本情况。

在吉萨的哈夫拉金字塔祭庙内有许多殿堂，供举行葬礼和祭祀之用。"设计师成功地运用了建筑艺术的形式心理。庙宇的门厅离金字塔脚下的祭祀堂很远，其间有几百米距离。人们首先穿过曲折的门厅，然后进入一条数百米长的狭直幽暗的甬道，给人以深奥莫测和压抑之感。""甬道尽头是几间纵横互相垂直、塞满方形柱梁的大厅。巨大的石柱和石梁用暗红色的花岗岩凿成、沉重、奇异并具有原始伟力。方柱大厅后面连接着几个露天的小院子。从大厅走进院子，眼前光明一片，正前面出现了端坐的法老雕像和摩天掠云的金字塔，使人精神受到强烈的震撼和感染。"

埃及的神庙既是供奉神灵的地方，也是供人们活动的空间。其中最令人震撼的当推卡纳克阿蒙神庙（大约始建于公元前1530年）的多柱厅（见图4-3），厅内分16行密集排列着134根巨大的石柱，柱子表面刻有象形文字、彩色浮雕和带状图案。柱子用鼓形石砌成，柱头为绽放的花形或纸草花蕾。柱顶上面架设9.21m长的大石横梁，重达65t。大厅中央部分比两侧高起，造成高低不同的两层天顶，利用高侧窗采光，透进的光线散落在柱子和地面上，各种雕刻彩绘在光影中若隐若现，与蓝色天花底板上的金色星辰和鹰隼图案构成一种梦幻般神秘的空间气氛。阵列密集的柱厅内粗大的柱身与柱间净空狭窄造成视线上的遮挡，使人觉得空间无穷无尽、变幻莫测，与后面光明宽敞的大殿形成强烈的反差。这种收放、张弛、过渡与转换视觉手法的运用，证明了古埃及建筑师对宗教的理解和对心理学巧妙应用的能力。

图 4-3　卡纳克阿蒙神庙

（2）古希腊风格

古希腊人在建筑方面给人留下最深刻印象的莫过于神庙建筑。

希腊神庙象征着神的家，神庙的功能单一，仅有仪典和象征作用。它的构造关系也较简单，神堂一般只有一间或两间。为了保护庙堂的墙面不受雨淋，在外增加了一圈雨棚，其建筑样式变为周围柱廊的形式，所有的正立面和背立面均采用六柱式或八柱式，而两侧更多的却是一排柱式。希腊神庙常采用三种柱式：多立克柱式（Doric Order）、爱奥尼柱式（Ionic Order）、科林斯柱式（Corinthian Order）。

古希腊最著名的建筑当属雅典卫城帕提农神庙（始建于公元前 447 年）（见图 4-4）。人们通过外围回廊，步过两级台阶的前门廊，进入神堂后又被正厅内正面和两侧立着的连排石柱围绕，柱子分上、下两层，尺度由此大大缩小，把正中的雅典娜雕像衬托得格外高大。神庙主体分成两个不同大小的内部空间，以黄金比例 1：1.618 进行设计。它的正立面也正好适应长方形的黄金比，这不能不说是设计师遵循和谐美的刻意之作。

图 4-4　古希腊帕提农神庙

（3）古罗马风格

古罗马在设计方面受古希腊美学影响,突出表现为舒展、精致而富有装饰性。这些特征选择性地被运用到罗马的建筑工程中,强调高度的组织性与技术性,进而完成了大规模的工程建设,如道路、桥梁、输水道等,以及创造了巨大的室内空间。这些工程的完成首先归功于罗马人对券、拱和穹顶的运用与发展。

古罗马的代表性建筑很多,神庙就是其中常见的类型。在罗马的共和时期至帝国时期先后建造了若干座神庙,其中最著名的当属万神庙(见图4-5)。神庙的内部空间组织得十分得体。入口门廊由前面八根科林斯柱子组成,空间显得具有深度。入口两侧两个很深的壁龛,里面两尊神像起到了进入大殿前序幕的作用。圆形正殿的墙体厚达4.3m,墙面上一圈还发了8个大券,支撑着整个穹顶。圆形大厅的直径和从地面到穹顶的高度都是43.5m,这种等比的空间形体使人产生一种浑圆、坚实的体量感和统一的谐调感。穹顶的设计与施工也很考究,穹顶分五层逐层缩小的凹形格子,除具有装饰和丰富表面变化的视觉效果之外,还起到减轻重量和加固的作用。阳光通过穹顶中央圆形空洞照射进来,产生一种崇高的气氛。

图4-5 万神庙穹顶

2. 哥特式风格

公元12世纪左右,随着社会历史的发展与城市文化的兴起,王权进一步扩大,封建领主势力缩小,教会也转向国王和市民一边,市民文化从某种意义上来说改变了基督教。在西欧一些地区,人们从信仰耶稣改为崇拜圣母。人们渴求尊严,向往天堂。为了顺应形势变化,也为了笼络民心,国王和教会鼓励人们在城市大量兴建能供更多人参加活动的修道院和教堂。由于开始修建这些教堂的地区的大多数市民来自700多年前倾覆罗马帝国统治的哥特人,后来文艺复兴的艺术家便称这段时期的建筑形式为"哥特式风格"。

哥特式风格建筑的特征主要表现在结构技术与艺术形式两个方面。

在结构技术方面,中世纪前期教堂所采用的拱券和穹顶过于笨重,费材料、开窗小、室内光线严重不足,而哥特式教堂从修建时起便探索摒除已往建筑构造缺点的可能性。他们首先使用肋架券作为拱顶的承重构件,将十字筒形拱分解为"券"和"蹼"两部分。券架在立柱顶上起承重作用,"蹼"又架在券上,重量由券传到柱再传到基础,这种框架式结构使"蹼"的厚度减到20～30cm,大大节约了材料,减轻了重量,同时增加了适合各种平面形状的肋架变化的可能性。其次是使用了尖券。尖券为两个圆心划出的尖矢形,可以任意调整走券的角度,适应不同跨度的高点统一化。另外,尖券还可减小侧推力,使中厅与侧厅的高差拉开距离,从而获得了高侧窗变长、引进更多光线的可能性。最后,使用了飞券。飞券立于大厅外侧,凌空越过侧廊上方,通过飞券大厅拱顶的侧推力便直接经柱子转移到墙脚的基础上,墙体因压力减少便可自由开窗,促成了室内墙面虚实变化的多样性。

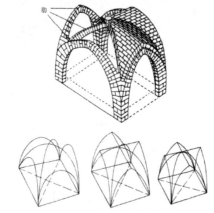

图4-6 哥特式建筑的技术结构说明图例

在艺术形式方面,高大深远的空间效果是人们对圣母慈祥的崇敬和对天堂欢乐的向往;对称稳定的平面空间有利于信徒们对祭台的注目和祈祷时心态的平和;轻盈细长的十字尖拱和玲珑剔透的柱面造型使庞大笨重的建筑材料失去了重量,具有腾升冲天的意向;大型的彩色玻璃图案,把教堂内部渲染得五彩缤纷,光彩夺目,给人以进入天堂般的遐想。

3. 文艺复兴风格

欧洲的文艺复兴以对生存环境舒适和美的巨大扩展,呈现出一派繁荣景象。古罗马的柱式、建筑形态和装饰,成为新创作的灵感来源。文艺复兴时期建筑空间的功效、舒适和家具的使用范畴,都比中世纪有显著的提高。室内设计语言上,文艺复兴并非对古罗马的复制,而是在理解罗马建筑的基础上进行大胆的创作。

早期文艺复兴室内有一个典型的特征就是将罗马拱券(半圆拱券)落在柱顶带一小段檐部的柱式上面,这种做法在早期基督教时期和拜占庭建筑中已经出现,但并非罗马风格的常规做法,在文艺复兴早期却成为典型特征。

随着对罗马建筑的深入理解,文艺复兴的建筑和室内呈现出更成熟自然的罗马气质,室内大量运用罗马建筑的语汇,壁柱、线脚、檐部特征都被引入室内用作装饰,另外,由于透视画法的进步,室内也常常采用绘画模仿表现进深的空间感和逼真的立体感。室内的细木镶嵌和石膏装饰线脚工艺越来越精致,对财富集聚下不断发展的商人新贵而言,恰好是满足其求新心理和显示身份的最佳手段。

晚期的文艺复兴走向了手法主义,是在更自由的创造氛围中寻找突破传统的可能,如米开朗基罗就是最具代表性的文艺复兴艺术家,他的室内设计往往雕塑感很强,寻找活泼并具有冲突感的个性创造。古典元素被手法主义设计师非常规地应用,有时甚至拥挤于一个空间中彼此冲突,设计师也喜爱运用绘画的方式制造空间的错觉,表现对古典语言变形、突破的渴望。

文艺复兴设计师从古典当中学会的最重要的设计原则,是严谨的比例所创造的和谐关系和美感,最具影响的文艺复兴建筑师帕拉迪奥就创造了创新古典的高雅内敛的审美情调,可以说是对古典主义更完整成功的回应。

4. 巴洛克风格

"巴洛克"一词源于葡萄牙语"Barocco",意为"畸形的珍珠",这个名词最初出现略带贬义色彩。巴洛克建筑的表情非常复杂,历来对它的评价褒贬不一,尽管如此,它仍造就了欧洲建筑和艺术的又一个高峰。

意大利罗马的耶稣会教堂被认为是具有巴洛克风格的第一件作品(见图4-7)。其正面的壁柱成对排列,在中厅外墙与侧廊外墙之间有一对大卷涡,中央入口处有双重山花,这些都被认为是巴洛克风格的典型手法。另一位雕塑家兼建筑师贝尼尼设计的圣彼得大教堂穹顶下的巨形华盖,由四根旋转扭曲的青铜柱子支撑,具有强烈的动感,整个华盖缀满藤蔓、天使和人物,充满活力。

图4-7 罗马耶稣会教堂内景

巴洛克式样的室内设计在意大利的威尼斯、都灵以及奥地利、瑞士和德国等地都有出现。例如,威尼斯公爵府会议厅里的墙面上布满令人惊奇的富丽堂皇的绘画和镀金石膏工艺,给参观者留下强烈的印象。都灵的圣洛伦佐教堂,室内平立面造型比圣伊沃教堂的六角星平立面更为复杂,直线加曲线,大方块加小方块,希腊十字形、八边形、圆形或不知名的形状均可看到。室内大厅里装饰复杂的大小圆柱、方柱支撑着饰满图案的半圆拱和半球壁龛,龛内上下左右布满大大小小的神像、天使雕刻和壁画,拱形外的大型石膏花饰更是巴洛克风格的典型纹样。

在法国,16世纪末路易十四登基后,法国的国王更成为至高无上的统治者,法国文化艺术界普遍成为为王室歌功颂德的工具。王室也以盛期古罗马自比,提倡学习古罗马时期艺术,建筑界兴起了一股崇尚古典柱式的建筑文化思潮。他们推崇意大利文艺复兴时期帕拉第奥规范化的柱式建筑,进一步把柱式教条化,在新的历史条件下发展为古典主义的宫廷文化。

法国的凡尔赛宫(见图4-8)和卢佛尔宫便是古典主义时期的代表之作,两宫内部的豪华与奢侈令人叹为观止。绘满壁画和刻花的大理石墙面与拼花的地面、镀金的石膏装饰工艺、图案的顶棚、大厅内醒目的科林斯柱廊和罗马式的拱券,都体现了古典主义的规则。除了皇宫,这个时期的教堂建筑有格拉斯教堂和最壮观的巴黎式穹顶教堂恩瓦立德大教堂,它的室内设计特点是穹顶上有一个内壳,顶端开口,可以通过反射光看见外壳上的顶棚画,而看不见上面的窗户,创造出空间与光的戏剧性效果。这种创新做法体现了法国古典主义并不顽固,有人把它称作真正的巴洛克手法。

图4-8　法国凡尔赛宫内景

5.洛可可风格

"洛可可"风格的出现稍晚于"巴洛克"风格,同"巴洛克"一样，"洛可可"（Rococo）一词最初也含有贬义。该词来源于法文，意指布置在宫廷花园中的人工假山或贝壳作品。

法国洛可可艺术设计新时期在艺术史上称为"摄政时期"，奥尔良公爵的巴莱卢雅尔室内装饰就是一例，在那里看不见沉重的柱式，取而代之的是轻盈柔美的墙壁曲线框沿。门窗上过去刚劲的拱券轮廓被透迤草茎和婉转的涡卷花饰所柔化。

巴黎苏俾十府邸椭圆形客厅是洛可可艺术最重要的作品（见图4-9），由法国设计师博弗兰设计。客厅共有8个拱形门洞，其中4个为落地窗，3个嵌着大镜子，只有1个是真正的门。室内没有柱的痕迹，墙面完全由曲线花草组成的框沿图案所装饰，接近天花的银板绘满了普赛克故事的壁画。画面上沿横向连接成波浪形，紧接着金色的涡卷雕饰和儿童嬉戏场面的高浮雕。室内空间没有明显的顶立面界线，曲线与曲面构成一个和谐柔美的整体，充满着节奏与韵律。三面大镜加强了空间的进深感，给人以安逸、迷醉的幻境效果。

图4-9　巴黎苏俾士府邸

英国从安妮女王时期到乔治王朝时期，建筑艺术早期受意大利文艺复兴晚期大师帕拉第奥的影响，讲究规矩而有条理，综合了古希腊、古罗马、意大利文艺复兴时期以及洛可可的多种设计要素，演变到后期形成了个性不明朗的古典罗马复兴文化潮流，其代表作有伦敦郊外的柏林顿府邸和西翁府邸。他们的室内装饰从柱式到石膏花纹均有庞培式的韵味。乔治时期的家具陈设很有成就，各种样式和类型的红木、柚木、胡桃木橱柜、桌椅以及带柱的床，制作精良；装油画和镜片的框子，采线和雕花也都十分考究；窗户也都采用帐幔遮光；来自中国的墙纸表达着自然风景的主题。室内的大件还有拨弦古钢琴和箱式风琴,其上都有精美的雕刻,往往成为室内的主要视觉元素。

中世纪后期的西班牙,宗教裁判所令人胆寒,建筑装饰艺术风格也异常严谨和庄重。直到 18 世纪受其他地区巴洛克与洛可可风格的影响,才出现了西班牙文艺复兴以后的"库里格拉斯科(Churrigueresco)"风格,这种风格追求色彩艳丽、雕饰烦琐、令人眼花缭乱的极端装饰效果。格拉纳达的拉卡图亚教堂圣器收藏室就是其典型代表。它的室内无论柱子或墙面,无论拱券和檐部均淹没于金碧辉煌的石膏花饰之中,过于繁复豪华的装饰和古怪奇特的结构,形成强烈的视觉冲击和神秘气氛。

6. 新艺术运动风格

19 世纪晚期,欧洲社会相对稳定和繁荣,当工艺美术运动在设计领域产生广泛影响的同时,在比利时布鲁塞尔和法国一些地区开始了声势浩大的新艺术运动。与此同时,在奥地利也形成了一个设计潮流的中心,即维也纳分离派;法国和斯堪的纳维亚国家也出现一个青年风格派,可以看作是新艺术运动的两个分支。新艺术运动赞成工艺美术运动对古典复兴保守、教条的反叛,认同对技艺美的追求,但却不反对机器生产给艺术设计带来的变化。新艺术运动在欧美不仅对建筑艺术,还对绘画、雕刻、印刷、广告、首饰、服装和陶瓷等日常生活用品的设计产生了前所未有的影响。这种影响还波及亚洲和南美洲,它的许多设计理念持续到 20 世纪,为早期现代主义设计的形成奠定了理论基础。

7. 现代主义运动风格

(1)现代主义风格的发展

第二次世界大战前夕,现代主义大师们从欧洲迁徙美国,他们不仅把现代主义的中心移到了美国,更重要的是在美国兴建学院,培养了一批设计新人。1937 年,格罗皮乌斯出任哈佛大学设计研究生院院长,传播包豪斯思想。1938 年,密斯被聘为伊利诺伊理工学院建筑系主任。同时,布劳埃尔也执教于哈佛大学,这些包豪斯的主要人物在美国的教学活动无疑促进了现代主义在美国的发展。"二战"期间,原材料的匮乏对现代主义风格提出了挑战,但同时又创造了机会。早期的现代主义作品往往依赖于高质量的材料来表达其自然的肌理,材料的高贵弥补了形式的单调。战争期间只能提供最普通、最粗糙的原料,这反而促成了现代主义风格的大众化。"二战"结束后,西方国家进入经济恢复时期,建筑业迅猛发展,造型简洁、讲究功能、结构合理并能大量工业化生产的现代主义建筑纷纷出现,现代主义的观念逐渐被大众所接受。

格罗皮乌斯的教学纲领强调功能主义,强调空间的简单与明晰,强调视觉上的质感与趣味性。1948—1951年,芝加哥湖滨路高层公寓的设计与建立,圆了密斯早期的设计摩天楼之梦。1954—1958年,他又设计完成了著名的纽约西格拉姆大厦。密斯的成功标志着国际式风格在美国开始被广泛接受。美国最著名的设计事务所SOM于1952年设计了纽约的利华大厦,这是对密斯风格的一个积极响应。密斯风格已经成为从小到大、从简到繁的各类建筑都能适用的风格,而且它古典的比例、庄重的性格、高技术的外表也成为大公司显示雄厚实力的媒介,使战后的现代主义建筑不仅能有效地解决劳苦大众的居住问题,还能表达社会上流的身份与地位,甚至表达国家的新形象。

匡溪学派的核心是在20世纪30年代在匡溪艺术学院(也可译作克兰布鲁克艺术学院)执教或就学的依姆斯、小沙里宁、诺尔、伯托亚、魏斯等人。这个学派崭露头角于1938—1941年,在纽约现代艺术博物馆举办的"家庭陈设中的有机设计"竞赛中,依姆斯和沙里宁设计的曲面的合成板椅子、组合家具等获得了头奖。

现代主义能够盛行的另一个主要原因是因为它提出了全新的空间概念。20世纪,人类对世界认识的最大飞跃莫过于时间—空间概念的提出。在以往的概念中,时间和空间是分离的。但爱因斯坦的相对论指出,空间和时间是结合在一起的,人们进入了时间——空间相结合的"有机空间"时代。把"有机空间"的设计原则和"功能原则"结合在一起,就构成了现代主义最基本的建筑语言。在大师们的晚期作品中,常常能欣赏到这些原则淋漓尽致的发挥。例如,赖特的莫里斯商会(1948年)和古根海姆美术馆(1959年)(见图4-10)的室内空间,都使用了坡道作为主要的行进路线,达到了时间——空间的连续;密斯的玻璃住宅打破了内外空间的界限,把自然景观引入室内;柯布西耶的朗香教堂(1950—1954年)(见图4-11)最全面地解释了有机建筑的原则,变幻莫测的室内光影,把时间和空间有效地结合在一起。

图4-10　古根海姆美术馆　图4-11　朗香教堂的室内光影

由于现代空间有着丰富的表现手段,才使人们认识到单纯装饰的局限性,才使室内设计从单纯装饰的束缚中解脱出来。与此同时,建筑物功能的日趋复杂、经济发展后的大量改造工程,进一步推动了室内设计的发展,促成了室内设计的独立。

(2)晚期现代主义

20世纪晚期,随着后工业社会和信息社会的到来,人类开始面临新的挑战,人们逐渐认识到:设计既给人们创造了新的环境,但又往往破坏了既有的环境;设计既给人们带来了精神上的愉悦,但又经常成为过分的奢侈品;设计既有经常性的创新与突破,但又往往造成新的问题。今天,人们已经不能用一两种标准来衡量设计,对不同矛盾的不同理解和反应,构成了设计文化中的多元主义基础。自由与严谨、热情与冷静、严肃与放纵、进步与沉沦……这些相对立的体验,在多元主义时代的设计中都能印证它们的存在。自 20 世纪 50 年代开始,现代建筑的设计风格开始从单一化逐渐向多样化转变,虽然其建筑风格依然以简洁、抽象、重技术等特性为主,但是这些特点却得到最大限度的夸张:结构和构造被夸张为新的装饰;贫乏的方盒子被夸张为各种复杂的几何组合体;小空间被夸张成大空间……夸张的对象不仅仅是建筑的元素,一些设计原则也参与其中,并走向了极端,逐渐成为现代主义一种独特的风格与手法,并广泛传播。

①"服务空间"—"被服务空间"理论

早在 19 世纪 80 年代,沙利文就提出了"形式追随功能"的口号,后来"功能主义"的思想逐渐发展为形式不仅仅追随功能,还要用形式把功能表现出来。这种思想在晚期现代主义时期进一步激化,美国建筑师路易斯·康的"服务空间"—"被服务空间"理论就是典型代表。他认为"秩序"是最根本的设计原则,世界万象的秩序是统一的;建筑应当用管道给实用空间提供气、电、水等同时带走废物,因而,一个建筑应当由两部分构成——"服务空间"(Servant Space)和"被服务空间"(Served Space),并且应当用明晰的形式表现它们,这样才能显现其理性和秩序。这种用专门的空间来放置管道的思想在路易斯·康的早期作品中就已形成。

路易斯·康非常钟爱厚重的实墙,他认为现代技术已经能够把古代的厚墙挖空,从而给管道留下空间,这就是"呼吸的墙"(Breathing Wall)的思想。20 世纪 50 年代初,他为耶鲁大学设计的耶鲁美术馆中,又发展了"呼吸的顶棚"(Breathing Ceiling)的概念。这个博物馆是个大空间结构,顶棚使用三角形锥体组合的井字梁,这样屋盖中就有通长的、可以贯通管道的空间,集中了所有的电气设备,使展览空间非常干净、整洁。在以后的几个设计中,路易斯·康又逐渐认识到"服务空间"不应当仅仅放在墙体和天花的空隙中,而要作为专门的房间。这种思想指导了宾夕法尼亚大学理查兹医学实验楼的设计:三个有实用功能的研究单元("被服务空间")围绕着核心的"服务空间"——有电梯、楼梯、贮藏间、动物室等。每个"被服务空间"都是纯净的方形平面，又附有独立的消防楼梯和通风管道（"服务空间"），同时使用了空腹梁，可以隐藏顶棚上的管道。

②极少主义

现代主义设计师擅长抽象的形体构成，往往用有雕塑感的几何构成来塑造室内空间；现代主义的设计师还擅长设计平整、没有装饰的表面，突出材料本身的肌理和质感。因而，晚期现代主义风格把现代主义推向装饰化时，产生了两个趋势——雕塑化趋势和光亮化趋势。如果说抽象主义可以分为冷抽象和热抽象的话，那么雕塑化趋势也可以分为冷静的和激进的两个方向，即可以用极少主义和表现主义来加以概括。

极少主义和密斯的"少就是多"的口号相一致，它完全建立在高精度的现代技术条件下，使产品的精密度变成欣赏的对象，无须用多余的装饰来表现。20世纪60年代初，一批前卫的设计师在密斯口号的基础上提出了"无就是有"的新口号，并形成了新的艺术风格。他们把室内所有的元素，如梁、板、柱、窗、门、框等，简化到不能再简化的地步，甚至连密斯的空间都达不到这么单纯。建筑师贝聿铭就是极少主义的典型代表。他的设计风格在于能精确地处理可塑性形体，设计简洁明快。其代表作品有肯尼迪图书馆和华盛顿国家美术馆东馆（见图4-12）。

在华盛顿国家美术馆东馆中，美术馆的主体——展厅部分非常小，而且形状并不利于展览，最突出的反而是中庭的共享空间。在开始设计时，中庭的顶棚是呈三角形肋的井字梁屋盖，这样显得庄严、肃穆。后来改用25个四边形玻璃顶组成的采光顶棚，使空间气氛比较活跃。中庭的另一个特点是它的交通组织，参观者的行进路线不断变化，似乎更像是从不同的角度欣赏建筑，而不是陈列品。中庭的产生使室内设计的语言更加丰富，并且提供了充足的空间，使室外空间的处理手法能运用于室内设计，更好地实现了现代主义内外一致的整体设计原则。

图 4-12　华盛顿国家美术馆东馆

　　整体设计的典型代表作有小沙里宁设计的纽约肯尼迪机场TWA 候机楼(见图 4-13)。候机楼的曲面外形有一个非常简明的寓意———一只飞翔的大鸟,它的室内空间除了一些标识自成系统之外,其余的座椅、桌子、柜台以及空调、暖气、灯具等都和建筑物浑然一体。为了和双曲面的薄壳结构相呼应,这些构件也用曲线和曲面表现出有机的动态,使建筑形成统一的整体。

图 4-13　纽约肯尼迪机场 TWA 候机楼

　　8.后现代主义

　　由于现代主义设计排除装饰,大面积地使用玻璃幕墙,采用室内、外部光洁的四壁,这些理性的简洁造型使"国际式"建筑及其室内千篇一律、毫无新意。久而久之,人们对此感到枯燥、冷漠和厌烦。于是,20 世纪 60 年代以后,一种新的设计风格———后现代主义应运而生,并广泛受到欢迎。

　　20世纪后期,世界进入了后工业社会和信息社会。工业化在造福人类的同时,也产生了环境污染、生态危机、人情冷漠等矛盾与冲突。人们对这些矛盾的不同理解和反应,构成了设计文化中多元发展的基础。人们认识到建筑是一种复杂的现象,是不能用一两种标准,或者一两种形式来概括,文明程度越高,这种复杂性越强,建筑所要传递的信息就越多。1966年,美国建筑师文丘里的《建筑的复杂性与矛盾性》一书就阐述了这种观点。他从建筑历史中列举了很多例子,暗示这些复杂和矛盾的形式能使设计更接近充满复杂性和矛盾性的人性特点。

　　1964年为母亲范娜·文丘里在费城郊区栗子山设计的住宅是文丘里所设计的第一个具有后现代主义特征构想的建筑物。其基本的对称布局被突然的不对称所改变;室内空间有着出人意料的夹角形,打乱了常规方形的转角形式;家具令人耳目一新,而非意料中的现代派经典。此外,费城老人住宅基尔德公寓和康涅狄格州格林威治城1970年建的布兰特住宅也都体现了类似的复杂性。

　　1978年,汉斯·霍莱因设计的维也纳奥地利旅游局营业厅的室内,则是对文丘里理论最直观的阐释与表现。20世纪70年代末,迈克尔·格雷夫斯开始为桑拿家具公司设计系列展厅。这期间,格雷夫斯趋向于把古典元素简化为积木式的具象形式。在1979年设计的纽约桑纳公司的室内设计中,他把假的壁画和真实的构架糅合在一起,造成了透视上的幻觉。这种做法是文艺复兴后期手法主义的复苏。

　　作为新的设计趋向的代表,霍莱因和格雷夫斯有着共识。一方面,他们延续了消费文化中波普艺术的传统,他们的作品都很通俗易懂,意义虽然复杂,但至少有能让人一目了然的一面,即文丘里所谓的"含混";另一方面,这些作品中又包含着高艺术的信息,显示了设计师深厚的历史知识和职业修养,因而又有所脱俗。这种通俗与高雅、美与丑、传统与非传统的并立,也是信息时代的典型艺术特点。

除了以上一些主要倾向之外,还有大量设计师进行了各种各样的尝试与探索,产生了诸多优秀作品与理论,室内设计界展现出生气勃勃的景象,可以相信室内设计仍将一如既往地为人类文明创造美好的环境。展望未来,室内设计仍将处于开放的端头,它的变化将与建筑设计及其他艺术门类中的变化思潮同步发展,这些思潮的变化并不局限于美学领域,而是与整个社会的变化相和谐、与科学技术的进步相和谐,与人类对自身认识的深化相和谐,室内设计将永无止境地不断向前发展。

（二）中国传统风格

对于中国建筑室内设计艺术的风格大致可以从以下几个方面进行解读。

1. 内外一体

中国传统风格的室内设计从环境整体来看,与室外自然环境相互交融,形成内外一体的设计手法,设计时常以可自由拆卸的隔扇门分界,有内向、封闭的特点,如城有城墙,宫有宫墙,园有园墙,院有院墙……以致有人把中国文化称为"墙文化"。但从另一个方面看,这些墙内的建筑又是开放的,即几乎所有建筑都与其外的空间如广场、街道、庭园、院落等具有密切的联系。

2. 严整的总体构图

中国传统风格的室内设计自古至今多左右对称,以祖堂居中,大的家庭则用几重四合院拼成前堂后寝的布置,即前半部居中为厅堂,是对外接应宾客的部分,后半部是内宅,为家人居住部分。内宅以正房为上,是主人住的,室内多采用对称式的布局方式,一般进门后是堂屋,正中摆放佛像或家祖像,并放些供品,两侧贴有对联,八仙桌旁有太师椅,桌椅上雕有花纹图案栩栩如生,风格古朴、浑厚。

3.灵活的内部空间

中国传统建筑以木结构为主要结构体系,用梁、柱承重,门、窗、墙等仅起维护作用,有"墙倒屋不塌"之说。这种结构体系,为灵活组织内部空间提供了极大的方便,故中国传统建筑中多有互相渗透、彼此穿插、隔而不断的空间。例如,内部环境常用屏风、帷幔或家具按需要分隔室内空间。屏风是介于隔断及家具之间的一种活动自如的屏障,是很艺术化的一种装饰,屏风有的是用木雕成,可以镶嵌珍宝珠饰,有的先做木骨,然后糊纸或绢等。

中国传统建筑的平面以"间"为单位,早在汉代,就有了"一堂二内"的型制。这种型制逐渐演变,形成了相对稳定的"一明两暗"的平面,并衍化出多间单排的平面和十字形、曲尺形、凹槽形以及工字形等平面。在这些以"间"为单位的平面中,厅、堂、室等空间可以占一间,也可以跨几间,在某些情况下,还可以在一间之内划分出几个室或几个虚空间,这就足以表明,中国传统建筑的空间组织是非常灵活的。

4.综合性的装饰陈设

中国传统的室内陈设汇集字画、古玩,种类丰富,无不彰显出中华悠久的文明史。中国传统的室内陈设善用多种艺术品,追求一种诗情画意的气氛,厅堂正面多悬横匾和堂幅,两侧有对联。堂中条案上以大量的工艺品作装饰,如盆景、瓷器、古玩等。

5.实用性的装饰形式

在中国传统建筑中,装饰材料上主要以木质材料为主,大量使用榫卯结构,有时还对木构件进行精美的艺术加工。许多构件既有结构功能,又有装饰意义。许多艺术加工都是在不损害结构功能甚至还能进一步显示功能的条件下实现的。以隔扇为例。隔扇本是空间分隔物,由于在格心裱糊绢、纱、纸张,格心就必须做得密一些。这本属功能需要,但匠人们却赋予格心以艺术性,于是出现了灯笼框、步步锦等多种好看的形式(见图4-14)。再以雀替为例,雀替本是一个具有结构意义的构件,起着支撑梁枋、缩短跨距的作用,但外形往往被做成曲线,中间又常有雕刻或彩画等装饰,从而又有了良好的视觉效果(见图4-15)。

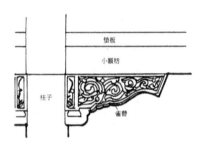

图4-14　格心为冰纹的隔扇　　　图4-15　雀替的轮廓与装饰

6.象征性的装饰手法

象征,是中国传统艺术中应用颇广的一种创作手法。按《辞海》"象征"条的解释,"就是通过某一特定的具体形象表现与之相似的或接近的概念、思想和情感"。在中国传统建筑的装修与装饰中,就常常使用直观的形象,表达抽象的感情,达到因物喻志、托物寄兴、感物兴怀的目的。

常用的手法有以下几种:

(1)形声,即用谐音使物与音义巧妙应和。如金玉(鱼)满堂、富贵(桂)平(瓶)安、连(莲)年有余(鱼)、喜(鹊)上眉(梅)梢等。在使用这种手法时,装饰图案是具象的,如"莲"和"鱼",暗含的则是"连年有余"的意思。

(2)形意,即用形象表示延伸了的而并非形象本身的意义。如用翠竹寓意"有节",用松、鹤寓意长寿,用牡丹寓意富贵等。这种手法在中国传统艺术中颇为多见,绘画中常以梅、兰、竹、菊、松、柏等作为题材就是一个极好的例证。何以如此?让我们先看两句咏竹诗:"未曾出土先有节,纵凌云处也虚心",原来,人们是把竹的"有节"和"空心"这一生物特征与人品上的"气节"和"虚心"作了异质同构的关联,用画竹来赞颂"气节"和"虚心"的人格,并用来勉励他人和自勉。

(3)符号,即使用大家认同的具有象征性的符号,如"双钱""如意头"等。中国传统建筑装修装饰的种种特征,是由中国的地理背景和文化背景所决定的。它表现出浓厚的陆地色彩、农业色彩和儒家文化色彩,包含着独特的文化特性和人文精神。

(4)崇数,即用数字暗含一些特定的意义。中国古代流行阴阳五行的观念,并以此把世间万物分成阴阳两部分,如日为阳、月为阴、帝为阳、后为阴,男为阳、女为阴、奇数为阳数、偶数为阴数等。在阳数一、三、五、七、九中,以九为最大,因此,与皇帝相关的装饰便常常用九表示,如"九龙壁"和九龙"御道"等。除此之外,还有许多用数字暗喻某种内容的其他做法,如在天坛祈年殿中,以四条龙柱暗喻一年有四季等。

中国传统建筑室内设计与装修的上述特点,也是中国传统建筑室内设计与装修的优点,正是这样一些优点值得我们进一步发掘、学习和借鉴(见图4-16)。

图4-16 中国古典风格在现代室内设计的应用

(三)日式古典风格

日本室内设计的传统风格非常明显地体现着日本民族特有的思想观念、审美情趣和本土精神。日本人的自然观是亲近自然,把自己看作是自然的一部分,追求的是人与自然的融合。日本人在审美方面强调心领神会。在艺术创作方面强调气氛和神韵。

日本国土面积较小,所以国民有追求精致、重视细部的个性。而所有这一切,几乎全都清楚地表现在日本室内设计中。

　　日本室内设计的传统风格主要表现在五个方面,即"榻榻米"的空间规格,整体气氛朴素、文雅,造型简洁、采用木质材料、注重室内陈设(见图4-17)几个方面。

图4-17　日式客厅设计

（四）伊斯兰传统风格

　　伊斯兰风格建筑的主要类型是清真寺,还有宫殿、陵墓等。伊斯兰信徒的住宅也受伊斯兰建筑风格的影响,但风格特点没有清真寺等鲜明和突出。不管是清真寺,还是其他建筑,在材料、技术等方面,大都能与当地的建筑文化和建筑技术相结合,中国的伊斯兰教建筑尤其如此。

　　综观伊斯兰教建筑特别是中国伊斯兰教建筑的室内设计与装修,主要特点表现为:内外空间相结合,内部空间设计灵活,装饰纹样、装饰灯具、装饰手法多样,注重圣龛及后窑殿的装饰,如图4-18所示。

图4-18　伊斯兰风格在现代室内设计中的应用

二、室内设计的流派语言分析

艺术流派可以理解为在艺术发展长河中形成的派别,即在一定历史条件下,由于某些艺术家社会思想、艺术造诣、艺术风格、创作方法相近或相似而形成的集合体。20 世纪后,室内设计流派纷呈,这在很大程度上与建筑设计的流派相呼应,但也有一些流派是室内设计所独有的,下面我们将对这些流派进行逐一地研究和了解。

（一）国际派

国际派风格受建筑中的功能主义影响,并借鉴机器美学理论。国际派的室内设计的空间注重宽敞、通透、自由,不受承重墙限制;室内围合界面及其装饰物都崇尚简洁和精致;室内装饰部件尽量采用标准部件,门窗尺寸根据模数制系统设计,富有工业化时代的特点（见图 4-19 ）。

图 4-19　国际派室内设计

（二）光洁派

光洁派又称"极少主义派",盛行于二十世纪六七十年代。其主要特点是善于抽象形体的构成,空间轮廓明晰,要素具有雕塑感,功能上讲究实用,加工上讲究精细,没有多余的装饰,符合现代主义建筑大师密斯提出的"少就是多"的原则。由于缺少"人情味"，其影响已经很小，但直到今天仍能看到这类作品（见图4-20）。

图4-20　光洁派室内设计

（三）高技派

高技派又称"重技派"。其特点是突出表现当代工业技术的成就，崇尚所谓"机械美"或"工业美"。在高技派设计者们看来，真正把工业技术的先进性表现出来，自然也就取得了一种新的形式美。高技派的常用手法是使用高强钢材、硬铝和增强塑料等新型、轻质、高强材料，故意暴露管线和结构，提倡系统设计和参数设计，构成高效、灵活、拆装方便的体系。高技派流行于20世纪50～70年代，著名作品有法国巴黎的蓬皮杜文化艺术中心及中国香港的汇丰银行等（见图4-21）。

图4-21　巴黎蓬皮杜室内设计

高技派还有一个分支，称"粗野主义"派。这一派别，多用混凝土结构，喜用庞大的体量和粗糙的表面。借以表现结构的合理性和可靠性。

（四）白色派

白色派因在室内设计中多用白色，并以白色构成基调而得名（见图4-22）。白色环境朴实无华、纯净、文雅、明快，有利于衬托室内的人、物，有利于显示"外借"的景观，故在后现代的早期就开始流行了，直到今天仍为一些人们所喜爱。白色派在欧洲更加流行，除室内设计外，还波及汽车业和家具业。

图4-22　白色派室内设计

（五）银色派

银色派又称"光亮派"，其室内设计风格追求光鲜、亮丽的视觉效果，极具戏剧化的室内气氛（见图4-23）。为达到这样的效果和气氛，在装饰材料上大量选择不锈钢、镜面玻璃、大理石等光滑、反光的材料；在灯光照明上多用反射灯来映照装饰材料的光亮；在色彩配置上喜用鲜艳的地毯和款式新颖、别致的家具及陈设艺术品。

图4-23　银色派室内设计

（六）绿色派

绿色派的室内设计是随着人们对环境保护意识的加强而诞生的，提倡回归自然，与自然和谐共存，人类与地球可持续发展（见图4-24）。在可持续发展思想指导下，按照被国际社会广泛承认的有利于保护生态环境、有利于人们的身体健康、有利于使用者精神愉悦和谐的原则进行设计，室内"绿色设计"注重对阳光、通风等自然能源的利用，尽量减少能源、资源的消耗，考虑材料的再生利用。

图 4-24　绿色派室内设计

（七）孟菲斯派

1981年，以意大利的索特萨斯为首的一批设计师们在米兰结成了"孟菲斯集团"，形成了室内设计的孟菲斯派（见图4-25）。孟菲斯派的设计理念是让人们生活得更舒适、快乐。孟菲斯派的室内设计常用新型材料、新鲜色彩和创意图案来改造一些传世的经典家具；注重室内的视觉景观，长采用曲面和曲线构图，并通过涂饰空间界面来营造舞台布景般的效果。

图 4-25　孟菲斯流派的室内设计

（八）解构主义派

室内设计的解构主义派善于用分解的观念，对传统的功能与形式进行打碎和重组，创造出意料之外的刺激和感受（见图4-26）。结构主义派的显著特征是无中心、无场所、无约束的任意性，设计师们勇于打破一切既有的设计规则，推翻了过去室内设计重视力学原理的横平竖直的稳定感和秩序感，反而运用各种元素的创意化重组给人以灾难感、危险感、新鲜感和刺激感。

图4-26　解构主义室内设计

（九）听觉空间派

听觉空间派起源于20世纪70年代的日本，主要特点是把"视觉空间"升华为"听觉空间"的意境创造。听觉空间派的室内设计师们善于运用单纯的反复的直线、曲线或符号化图案营造出具有音乐意境的空间效果（见图4-27）。其室内陈设也像音乐中的配器法一样有章法、有规律地进行组配，创造出有节奏的、有韵律的"听觉空间"。

图4-27　听觉空间派室内设计

（十）新古典主义派

新古典主义派的室内造型特点是追求一种典雅的端庄的高贵感，因此而被上流社会广泛推崇，此流派的室内设计作品在世界各地均有较多的实例可以看到。新古典主义派的室内设计采用现代材料和加工技术对传统样式加以简化，只求大的轮廓造型上的神似；在室内陈设与装饰方面，往往照搬古代的物品来烘托一种历史感（见图 4-28）。

图 4-28 新古典主义风格室内设计

（十一）新地方主义派

新地方主义派也称"新方言派"，是一种强调地方民族特色、乡土民俗风格的室内设计流派。由于地方风格样式地域化差异较大，此派风格没有固定的样式可循，设计师发挥的自由空间较大，以反映某地方的民族特色为要旨。设计师在设计室内作品时，往往因地制宜地采用当地的特色材料，注意与当地风土人情的地方环境相融合，表现出此民族特有的风俗习惯。

图 4-29 新地方主义风格室内设计

（十二）超现实主义派

超现实主义派的室内设计刻意追求出人意料的室内空间效果和造型奇特的视觉感官（见图 4-30）。该流派的设计师们追求一种纯艺术化的室内设计，常常不惜成本来完成别出心裁的设计想法，多利用令人难以捉摸的空间形状、变幻莫测的灯光效果、造型奇特的陈设物品，力求在有限的实体空间内创造出无限的空间感受。

图 4-30　超现实主义风格室内设计

（十三）超级平面美术

超级平面美术也称作"印刷平面美术""环境平面美术"，该派的显著特点是利用印刷技术在室内墙面涂饰色彩强烈的图案，以创造出的外景般的室内环境氛围（见图 4-31）。超级平面美术派的设计师们大胆地运用各种浓重的色块、丰富的色彩，并与室内照明巧妙地结合起来，营造一种光彩夺目的室内环境；室内界面的涂饰图案不受尺度和构件的限制，常使用放大数倍的图案使旧的室内焕然一新，在商店、车站、机场等场所的空间设计中比较普及。

图 4-31　超级平面美术风格室内设计

第三节　室内设计的审美语言

大众审美趣味的普及所产生的一些新的室内设计语言在设计本体中占的分量越来越重,探索大众审美趣味本身也就意味着探索设计语言本身。

大众审美趣味倾向对于设计学科的影响是相当明显的。而当下流行的室内设计语言的标准是由大众决定的,因此实际上反映了民主的普及。从单独的个体出发,许多年轻人士喜欢美术和装饰,但认为传统造型艺术离他们有一定的距离,而流行的设计语言对于这些讲究要求不高,可以在一定程度上满足个体对于艺术审美的欲望;从整个社会的角度来说,任何创造性的艺术活动,包括设计在内,总是要被牵扯到意识形态的眼光去理解。但我们应该看到,在当代设计的题材与内容已经跨越界限,尤其是在当下如火如荼的传播媒介的推动下,设计语言在领导大众生活方式方面的作用已经不容置疑。

在大众文化势头逐渐强劲的今天,设计是以一种模糊的面孔来展现于人的。它使得文化现象变得错综复杂,很难分清楚它们的真正流派。通过对室内设计语言的探究,能了解当前大众审美的状态,室内设计在社会中发展状况与当代中国设计风格发展的趋势。现代室内设计语言不仅仅是经济活动的陪衬和装饰,其最理想的语言就是用审美角度来统调各方利益。

可见,室内设计从来就不是一项简单的工作,设计语言作为它的核心内容,包含了诸多要实现的目标和要达成的社会使命。我们不能详尽地指出每种需要的结果,因为它的创造者——设计师本身也是有差别的个体。所以,我们只能以最初的出发点来明确目标,而把主要的精力放在它们之间实现的过程中。如黑格尔所言,"真理不在开端或结论,而是存在于全过程中。"总的来说,最重要的不是我们与空间或设计语言之间直接的关系,而是我们彼此之间的关系。

第五章　室内细部设计的语言分析

室内设计是对建筑内部空间进行的设计语言表达,是根据对象空间的实际情形与使用性质,运用物质技术手段和艺术处理手段,创造出功能合理、美观、舒适,符合使用者生理和心理要求的室内空间环境的设计语言,设计语言具有较强的操作性。其细部设计包括界面设计、构件设计、色彩设计、室内家具和陈设设计,以及室内绿化和照明设计。

第一节　界面设计语言表达

一、界面与设计总论

（一）界面与空间构图

绝大多数的室内是由六个界面构成的矩形空间,即一个地面、一个顶面、四个墙面,六个界面以其自身的构图组合成一个空间整体。六个界面中四个墙面的构图,对于整个室内空间产生的视觉作用在一般情况下就具有决定意义(见图 5-1)。

就室内的单向界面而言,其空间构图在艺术的创作原理上与平面设计中的书籍封面或招贴是一样的,区别仅在于尺度的大小与材料的三维特征。不少初学者因为忽略了室内设计空间表现的四维特征,以孤立的单向界面处理思维方式进行设计,其结果必然导致整体空间构图的失调。

图 5-1　室内空间构图

在建筑与室内设计的领域,有一个词非常明确地阐明了界面空间构图的真谛,这就是"交圈"。所谓交圈,主要是指四个墙面材料构造的衔接,如踢脚线、挂镜线都是以水平的线性物质表象映入我们的视觉而环绕室内空间一周。当然这是由室内空间的使用功能直接导致的构图模式,但它却反映了界面空间构图的基本规律,至少四个墙面需要作为一个整体来进行构图上的处理。这种规律的产生与人的视线扫描方式有着直接的联系。因为人的视线观察范围是由头部的转动角度来实现的。头部的转动由颈部的运动方式促成,由于生理条件的制约,头部的左右运动远比上下运动来得容易,可以说头部的左右运动是常态,而上下运动是非常态。因此,当室内空间的高度在 3m 左右,也就是说,处于头部静止的平视状态,这时视线的 60° 夹角正好将墙面整体映入眼帘。加上随头部左右转动的视线位移,我们对墙体的观察是多向界面的连续印象。

由于我们面对的室内空间有相当大的数量是处于 3m 的高度,就人的视觉感受而言,四个墙面本身就处于同一视域。因此四个墙面的空间构图应按照统一的概念进行处理。

当然这仅限于一般的室内空间。当室内的层高超过 3m,不同界面的高宽之比发生变化,随着视线高度的自然延伸形成视域的扩大。空间构图随之要扩展到六个面的总体协调。总而言之,界面与空间构图的关系是一个有机的整体。

在室内空间构图的处理上,既要考虑一般性,也要考虑特殊性。空间构图总是处于统一与对比的反复平衡状态。

（二）界面与设备位置

室内设计语言在建筑构造限定的条件下，几乎所有的设备都要与界面发生关系。由于不同设备都有着自身特定的运行方式，在完成各种室内环境需求功能的前提下，其所处的位置、占用的空间、外在的形象都会对界面的构图产生很大的影响。可以说设计者在室内界面构图的设计过程中，必须充分关注设备的因素。电气设备在室内分为两类，一类直接安装于界面，另一类属于可移动电器。前者要考虑安装位置与造型对界面的影响，后者要考虑电器自身造型色彩与界面之间的关系。

从界面构图的审美意象出发来考虑问题，主要是处理审美所需的空间构图与设备位置的相互协调。在地面、墙面、顶棚三类界面中，数顶棚与设备的关系最密。照明、空调、音响、消防各类管道都要通过结构楼板与顶棚内的空间，并穿透顶棚界面作用于室内。处理好顶界面的设备管口布局，主要在于各工种之间的相互配合，与其说是技术问题，倒不如说是人的关系问题。也就是说，室内设计者要想到由于设备设置可能出现的不利影响，明确各种设备基本的布局方式。

从设备影响的技术角度出发考虑问题，在风、水、电三类设备中，与风有关的设备对界面的影响最大。在自然通风中考虑的是通风窗的尺寸与造型；在人工通风中考虑的是进出风口的位置与口径。窗在中外建筑设计的发展历程中形成了风格各异的样式，成为界面有机构成的整体（见图5-2）。

图5-2 设施的排放

一般来讲,窗的设计总是要考虑到通风的问题,空间构图与通风采光的矛盾不会很大。而人工通风具有强制空气流动的特征,进出风口的位置在特定空间中有一定的位置局限,所以处理起来有一定的难度。这就需要设计者精心考虑仔细规划,以选择最合适的方案作风口部件的设计。

二、室内地面的构成与设计

从构造技术角度来看,室内地面是人们日常生活、工作、学习中接触最频繁的部位,也是建筑物直接承受荷载,经常受撞击、摩擦、洗刷的部位。

(一)室内地面的构成

室内地面的基本结构主要由基层、垫层和面层等组成。同时为满足使用功能的特殊性还可增加相应的构造层,如结合层、找平层、找坡层、防火层、填充层、保温层、防潮层等。

(二)形式表达:室内地面的设计

随着我国建筑装饰行业的迅速发展,地面装饰一改以前地面水泥的传统装饰方法,各种新型、高档舒适的地面装饰材料相继出现在各种室内装修的地面中。地面的设计形式也越来越新颖,但从常用的设计形式来看,主要分为平整地面设计和地台地面设计两种形式。

1.平整地面设计

平整地面,主要是指在原土建地面的基础上平整铺设装饰材料的地面,地面保持在一个水平面上,地面没有高差起伏。这种地面铺设形式最为常见,通常设计者会在配合使用和艺术的需要,在地面上可以进行材质、图案的划分设计,常见的地面材质及图案划分有以下三种方式:功能性划分、导向性划分和艺术性划分。

功能性划分：功能性划分主要是根据室内的使用功能特点，对不同空间的地面采用木同质地地面材料的设计手法，也可以称其为"质地划分"。例如，在宾馆大堂中人流较多的地方常采用坚硬耐磨的石材，但在客房里则要采用脚感柔软的地毯装饰地面。在家庭装修中，厨房和卫生间常采用地砖饰地面，防止地面污水等的侵蚀。卧室地面则常选用木地板装饰，不但脚感好而且保温隔热性能良好（见图5-3）。

图5-3　地面的功能效果

导向性划分：导向性划分是指在有些室内地面中常利用不同材质和不同图案等手段来强调不同使用功能的地面形式。目的是使使用者在室内能够较快地适应空间的流动，尽快地熟悉室内空间的各个功能。这种划分形式具有以下两个方面的特点：

（1）采用不同材质的地面设计，使人感受到交通空间的存在。这种地面形式比较容易识别，但要注意不同材质地面的艺术搭配。

（2）采用不同图案的地面设计来突出交通通道，也可以对客人起到导向性作用。这种设计往往在大型百货商场、博物馆、火车站等公共空间采用。例如，在商场里顾客可以根据通道地面材料的引导，从容进行购物活动。

艺术性划分：设计者对地面进行艺术性划分是室内地面设计重点要考虑的问题之一，尤其在较大型的空间里更是常见的设计形式—它是通过设计不同的图案，并进行颜色搭配而达到的地面装饰艺术效果。通常使用的材料有花岗石、大理石、地砖、水磨石、地板块、地毯等。这种地面划分形式往往是同房间的使用性质紧密相连的,但以地面的艺术性划分为主,用以烘托整个空间的艺术氛围。

地面艺术性划分应用很广,如在宾馆的堂吧设计中采用自由活泼的装饰图案地面,用以达到休闲、交往、商务的目的。在宾馆的大堂设计一组石材拼花地面,既可以取得一些功能上的效果,还可以取得高雅华贵的艺术效果。在一些休闲、娱乐空间的室内地面设计中,有些设计师将鹅卵石与地砖拼放一起布置地面,凹凸起伏的鹅卵石与地砖在照明光线下有着极大的反差,不但取得了较好的艺术效果,而且设计者利用不同材质的变化将地面进行了不同功能的分区。

2. 地台地面设计

在一些较大的室内空间里,平整地面设计难以满足功能设计的要求,因此,设计者在原有地面的基础上采用局部地面升高或降低的方法所形成的地面形式称为"地台地面"。这种地面形式设计者力求在高度上有所突出,来满足设计的整体效果,在一些大空间地面,设计出不同标高的地面。修建地台常选用砌筑回填骨料完成,也可以用龙骨地台选板材饰面,这种做法自重轻,在楼层中采用更合适。

地台地面应用的范围不是很广,但适当的场合采用可以取得意想不到的艺术效果。例如,宾馆大堂的咖啡休闲区常采用地台设计。地台区域材料有别于整体地面,常采用地毯饰面,加之绿化的衬托,使地台区域形成了小空间,旅客在此休息有一种亲切、高雅、休闲、舒适的感觉。在某餐厅,设计者将就餐区域和交通区域用地台设计的手法加以划分,使就餐环境的安全性、私密性更好。

在家庭装修中也常采用地台这种设计形式,形成有情趣的休闲空间(见图5-4)。地台设计,还常在日式、韩式的房间装修中采用,民族风格特征鲜明。和地台设计相反的还有下沉地面的设计手法,但一般较少采用。

图 5-4　地台设计效果

（三）室内地面设计的规律与实践

室内地面设计首先要满足建筑构造、结构的要求，并充分考虑材料的环保、节能、经济等方面的特点，并且还要符合室内地面的物理需要，如防潮、防水、保温、耐磨等要求。其次还要便于施工。最后就是地面的装饰设计，要以形式美的法则设计出符合大众欣赏口味的舒适空间。

1. 材料的选择

地面材料的选择要依据空间的功能来决定。例如，住宅中的卧室会选用地毯或木质地板，这样会增添室内的温馨感。而卫生间和厨房则应选择防水的地砖。还有对于人流较大的公共空间则应选用耐磨的天然石材，如图 5-5 所示。而一些静态空间，如酒店的客房、人员固定的办公空间可选用像地毯或人造的软质制品做地面。另外一些特殊空间，如儿童活动场所则需要地面弹性较好，以保障儿童的安全。除此之外，还有一些体育馆和食堂则可以采用水磨石做地面铺装。

2. 依据材料的功能进行设计

在进行室内地面设计时，设计师可以根据地面材料色彩的多样性特点，利用材料的色彩组织划分地面，这样不仅能活跃室内气氛,还会因为材料的色彩区分,引导室内的行走路线。对于同样面积的地面,材料的规格大小还会影响空间的尺度。尺寸越大,空间的尺度会显得越小;相反,尺度越小,空间的尺度则会显得大一些。

此外,地面材料的铺装方向还会引起人们的视觉偏差。例如,长而窄的空间作横向划分,可以改善空间的感觉,不会让人感到过于冗长。因此,地面的设计,一定要按室内空间的具体情况,因地制宜地进行设计。

图 5-5

3. 注重整体性和装饰性

地面是室内一切内含物的衬托,因此,一定要与其他界面和谐统一。设计地面时应统一简洁,不要过于烦琐。设计师对地面的设计不仅要充分考虑它的实用功能,还要考虑室内的装饰性。运用点、线、面的构图,形成各种自由、活泼的装饰图案,可以很好地烘托室内气氛,给人一种轻松的感觉。在公共空间(宾馆大堂、建筑门厅、商业共享空间)可以利用图案作装饰,但必须与周围环境的风格相协调。例如,图 5-6 所选材料为石材,并采用斜铺的铺装方法,使地面既耐磨又富有动感。又如,图 5-7 为利用大块的人造印花石材装饰的地面,地面的色彩不宜过于鲜艳,通常选用较深的色彩,否则会喧宾夺主。

图 5-6　　　　　　　　　　图 5-7

三、天棚设计

天棚在室内设计中又称"顶棚""天花",是指室内建筑空间的顶部。作为建筑空间顶界面的天棚,可通过各种材料和构造技术组成形式各异的界面造型,从而形成具有一定使用功能和装饰效果的建筑装饰装修构件。

（一）天棚设计的作用

天棚是空间围合的重要元素,在室内装饰中占有重要的地位,它和墙面、地面构成了室内宅间的基本要素,对空间的整体视觉效果产生很大的影响,天棚装修给人最直接的感受就是美化、美观。随着现代建筑装修要求越来越高,天棚装饰被赋予了新的特殊的功能和要求:保温、隔热、隔音、吸声等,利用天棚装修来调节和改善室内热环境、光环境、声环境,同时作为安装各类管线设备的隐蔽层(见图 5-8)。

图 5-8　天棚装饰

（二）天棚的设计形式表现

天棚的形式多种多样,随着新材料、新技术的广泛应用,产生了许多新的吊顶形式。

（1）按不同的功能分有隔声、吸音天棚,保温、隔热天棚,防火天棚,防辐射天棚等。

（2）按不同的形式分有平滑式、井字格式、分层式、浮云式等。

（3）按不同的材料分有胶合板天棚、石膏板天棚、金属板大棚、玻璃天棚、塑料天棚、织物天棚等。

（4）按不同的承受荷载分有上人天棚、不上人天棚（见图5-9）。

（5）按不同的施工工艺分有抹灰类天棚、裱糊类天棚、贴面类天棚、装配式天棚。

（6）按构造技术分为直接式天棚和悬吊式天棚（见图5-10）。

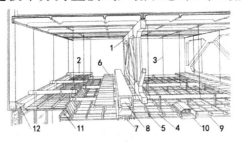

图5-9　上人吊顶天棚构造

1—屋架；2—主龙骨；3—吊筋；4—次龙骨；

5—间距龙骨；6—检修走道；7—出风口；8—风道；

9—吊顶面层；10—灯具；11—暗藏式灯槽；12—窗帘盒

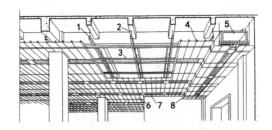

图5-10　悬挂在屋下的吊顶构造

1—主龙骨；2—吊筋；3—次龙骨；4—间距龙骨；

5—风道；6—吊顶面层；7—灯具；8—出风口

（三）天棚设计的规律与实践

天棚设计因不同功能的要求，其建筑空间构造设计不尽相同。在满足基本的使用功能和美学法则基础上，还需遵循以下几点设计规律：

1.视觉空间的舒适性

天棚在人的视觉中，占有很大的视阈性，特别是高大的厅堂和开阔的空间，天棚的视阈比值更大。因此，设计时应考虑室内净空高度与所需吊顶的实际高度之间的关系，注重造型、色彩、材料的合理选用；并结合正确的构造形式来营造其舒适的空间氛围，对建筑顶部结构层起到保护、美化的作用，弥补土建施工留下的缺陷。

2.材料的安全耐用与合理性

由于天棚是吊在室内空间的顶部，天棚表面安装有各种灯具、烟感器、喷淋系统等，并且内部隐藏有各种管线、管道等设备，有时还要满足工人检修的要求，因此装饰材料自身的强度、稳定性和耐用性不仅直接影响到天棚装饰效果，还会涉及人身安全。所以天棚的安全、牢固、稳定、防火等十分重要。

天棚材料的使用和构造处理是空间限定量度的关键所在之一，应根据不同的设计要求和建筑功能、内部结构等特点，选用相应的材料。天棚材料选择应坚持无毒、无污染、环保、阻燃、耐久等原则。

3.注重装饰性

天棚设计时要充分把握天棚的整体关系，做到与周围各界面在形式、风格、色彩、灯光、材质等方面协调统一，融为一体，形成特定的风格与效果。

四、墙面的设计与规律

（一）墙面设计的作用

墙面是空间围合的垂直组成部分,也是建筑空间内部具体的限定要素,其作用是可以划分出完全不同的空间领域。

内墙设计不仅要兼顾室内空间、保护墙体、维护室内物理环境,还应保证各种不同的使用条件得以实现。而更重要的是它把建筑空间各界面有机地结合在一起,起到渲染、烘托室内气氛,增添文化、艺术气息的作用,从而产生各种不同的空间视觉感受。

（二）室内墙面设计的规律与实践

室内墙面的设计在满足美化空间环境、提供某些使用条件的同时,还应在墙面的保护上多做文章。它们三者之间的关系相辅相成,密不可分。但根据设计要求和具体情况的不同有所区别。

1. 注重保护性

室内墙面虽不受自然灾害天气的直接侵袭,但在使用过程中会受到人的摩擦,物体的撞击,空气中水分的浸湿等影响,因而要求通过其他装饰材料对墙体表面加以保护,使之延长墙体及整个建筑物的使用寿命。

2. 注重实用性

室内是与人最接近的空间环境,而内墙又是人们身体接触最频繁的部位,因此墙面的设计必须满足基本的使用功能,如易清洁、防潮、防水等,同时还应综合考虑建筑的热学性能、声学性能、光学性能等各种物理性能,并通过设计材料来调节和改善室内的热环境、声环境、光环境,从而创造出满足人们生理和心理需要的室内空间环境。

3. 注重装饰性

在保护的基础上,还应从美的角度去审视内墙设计,并且从空间的统一性加以考虑,使天棚、墙面、地面协调一致,建立一种既独立又统一的界面关系,同时创造出各种不同的艺术风格,营造出各种不同的氛围环境。

第二节 构件设计语言表达

一、玄关设计语言和表达

玄关是进入住宅室内的咽喉地带和缓冲区域,也是进入室内后的第一印象,因此在室内设计中有不可忽视的地位和作用,主要表现在以下三个方面:其一,具有一定的贮藏功能,用于放置鞋柜和衣架,便于主人或客人换鞋、挂外套之用;其二,可以表现一定的审美效果,通过色彩、材料、电灯光和造型的综合设计可以使玄关看上去更加美观、实用。可以说,玄关设计是设计师整体设计思想的浓缩,它在住宅室内装饰中起到画龙点睛的作用,能使客人一进门就有眼睛一亮的感觉;其三,是进入客厅的回旋地带,可以有效地分割室外和室内,避免将室内景观完全暴露;能够使视线有所遮掩,更好地保护室内的私密性;还可以避免因室外人的进入而影响室内人的活动,使室外进入者有个缓冲、调整的场所。

(一)玄关样式的选择

玄关样式的选择,首先应考虑与室内整体风格保持一致,力求简洁、大方。常用的玄关样式有以下四种:玻璃半通透式、自然材料隔断式、列柱隔断式和古典风格式。

1. 自然材料隔断式玄关

这是一种运用竹、石、藤等自然材料来隔断空间的形式,这样可以使玄关空间看上去朴素、自然,如图 5-11 所示。

图 5-11　自然材料的隔断

2. 玻璃半通透式玄关

玻璃半通透式玄关(见图 5-12)是一种运用有肌理效果的玻璃来隔断空间的形式,如磨砂玻璃、裂纹玻璃、冰花玻璃、工艺玻璃等,这样可以使玄关空间看上去有一种朦胧的美感,使玄关和客厅之间隔而不断。

图 5-12　玻璃半通透式玄关

3. 列柱隔断式玄关

列柱隔断式玄关(见图 5-13)是一种运用几根规则的立柱来隔断空间的形式,这样可以使玄关空间看上去更加通透,使玄关空间和客厅空间很好地结合和呼应。

图 5-13　列柱隔断的玄关

4.古典风格式玄关

古典风格式玄关（见图 5-14 ）是一种运用中式和欧式古典风格中的装饰元素来设计的玄关空间,如中式的条案、屏风、瓷器、挂画,欧式的柱式、玄关台等,这样可以使玄关空间更加具有文化气质和古典、浪漫的情怀。

图 5-14　古典屏风隔断玄关

（二）灯光及色彩的设计

玄关作为进入室内的第一印象,应尽量营造出优雅、宁静的空间氛围。灯光的设置不可太暗,以免引起短时失明。玄关的色彩不可太艳,应尽量采用纯度低,彩度低的颜色。

二、门窗及其设计实践

（一）门窗设计的作用

门窗是联系室外与室内,房间与房间之间的纽带,是供人们相互交流和观赏室外景物的媒介,不仅有限定与延伸空间的性质,而且对空间的形象和风格有着重要的影响。门窗的形式、尺寸、色彩、线型、质地等在室内设计中因功能的变化而变化。尤其是通过门窗的处理,会对建筑外市面和内部装饰产生极大的影响,并从中折射出整体空间效果、风格样式和性格特征(见图5-15)。

门的主要功能是交通联系,供人流、货流通行以及防火疏散之用,同时兼有通风、采光的作用。窗的主要功能是采光、通风。此外门窗还具有调节控制阳光、气流以及保温、隔热、隔音、防盗等作用。

图 5-15　门窗设计效果

（二）门窗的分类与尺度

1.门的分类与尺度

门按不同材料、功能、用途等可分为以下几种:

（1）按材料分为木门、钢门、铝合金门、塑料门、玻璃门等。

（2）按用途分为普通门、百叶门、保温门、隔声门、防火门、防盗门、防辐射门等。

（3）按开启方式分为平开门、推拉门、折叠门、弹簧门、转门、卷帘门、无框玻璃门等（见图5-16）。

（a）平开门　（b）弹簧门　（c）推拉门

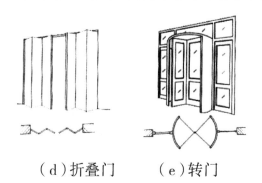

（d）折叠门　　　（e）转门

图 5-16　门的开启方式

门的尺度通常是指门洞的高宽尺寸，门的尺度取决丁其使用功能与要求行人的通行、设备的搬运、安全、防火以及立面造型等。普通民用建筑门由于进出人流较小，一般多为单扇门，其高度为 2000 ～ 2200mm；宽度为 900 ～ 1000mm；居室厨房、卫生间门的宽度可小些，一般为 700 ～ 800mm。公共建筑门有单扇门、双扇门以及多扇门之分，单扇门宽度一般为 950 ～ 1100mm；双扇门宽度一般为 l200 ～ l800mm，高度为 2100 ～ 2300mm；多扇门是指由多个单扇门组合成三扇以上的特殊场所专用门（如大型商场、礼堂、影剧院、博物馆等），其宽度可达 2100 ～ 3600mm，高度为 2400 ～ 3000mm，门上部可加设亮子，也可不加设亮子，亮子高度一般为 300 ~ 600mm。

2. 窗的分类与尺度

窗依据其材料、用途、开启方式等可作以下分类：

（1）按材料分为木窗、铝合金窗、钢窗、塑料窗等。

（2）按用途分为天窗（见图5-17）、老虎窗、百叶窗（见图5-18）等。

图 5-17　天窗　　　　　　　图 5-18　百叶窗

（3）按开启方式分为固定窗、平开窗、推拉窗、悬窗、折叠窗、立转窗等（见图5-19）。

（a）固定窗　（b）平开窗　（c）上悬窗　（d）中悬窗

（e）下滑悬窗（f）立悬窗　（g）下悬窗（h）垂直推拉窗

（i）水平推拉窗　（j）下旋平开窗

图 5-19　窗的开启方式

随着建筑技术的发展和新材料的不断出现,窗的设置、类型已不仅仅局限于原有形式与形状,出现了造型别致的外飘窗、落地窗、转角窗等(见图5-20、图5-21)。

图 5-20　外飘窗　　　　　图 5-21　落地窗

窗的尺度一般由采光、通风、结构形式和建筑立面造型等因素决定,同时应符合建筑模数的要求。普通民用建筑窗,常以双扇平开或双扇推拉的方式出现。其尺寸一般每扇高度为800～1500mm,宽度为400～600mm,腰头上的气窗及上下悬窗高度为300～600mm,中悬窗高度不宜大于1200mm,宽度不宜大于1000mm,推拉窗和折叠窗宽度均不宜大于1500mm。公共建筑的窗可以是单个的,也可用多个平开窗、推拉窗或折叠窗组合而成。组合窗必须加中梃,起支撑加固,增强刚性的作用。

(三)门窗的设计与施工

1.平板门的设计与施工

平板门的设计与施工需要注意以下几个方面:

(1)检查门洞。检查门洞是否符合要求,门洞是否方正、平整、位置是否合理,一般房门尺寸860mm×2035mm为宜,大门及推拉门尺寸根据现场而定。

(2)门扇设计。普通门扇一般采取如下方法:

① 15+15+3+3+3+3=42mm 厚。

② 18+9+9+3+3=42mm 厚。

③ 18+9+5+5+3+3=43mm 厚。

④ 28+4+4+3+3=42mm 厚。

具体是采用 15mm 大芯板二层,18mm 大芯板层加 9mm 夹板一层,开板条 60 ~ 80mm 宽打锯路内填实板条或开 28mm 板条侧立,构成门扇框构,中间填实,正反两面再用 5mm 夹板或 4mm 夹板用胶压实,或同时压面板或待底板压实后再压面板。一般普通门扇厚 42 ~ 45mm,压 8 ~ 12 天。凹凸造型大门一般采用 15+9+9+3+3+3+3=45mm 厚,具体采用 15mm 大芯板一层,两面各加一层 9mm 夹板,打锯路钉框,预留凹口尺寸,正反两面压 3mm 夹板,等压实定型后,挖去 3mm 夹板刚好露出 12mm 凹口,再贴面板钉 12mm 阴角线,门厚一般为 45mm 为宜,收边,先将压实门扇四周刨平刨直后用 5mm×8mm 扁线收边。不得出现露缝、毛刺、锤印、翘角、不平等现象。

(3)门扇收边。先将门压实,门扇四周清边,门边线胶水涂刷均匀,选好材,用纹钉打,门边线开槽、以防变形,收边打磨光滑。

(4)门扇饰面。拼板、拼花,金属条要平整光滑;门扇的安装用 3 个合页,凹凸大门用 3 个以上;门扇与门面、门板颜色保持一致。

(5)门套制作。门套制作又可细分为以下几个环节:

①做好防潮、验收、通过目测。

②用 18mm 大芯板做好防潮打底板,用 9mm 夹板钉内框,留子口,门套要安装防撞条。

③门套线要确定宽度及造型,颜色一致,施工时胶水要涂刷严密、均匀。

④门套线及门边线严禁打直钉,门套线(卫生间、厨房应吊 1cm 脚),以防发霉。

⑤同一墙面、同一走廊,门高要保持在同一水平线上,门顶要封边严密。

⑥要待门套线干水后再收口,以防门套线缩水。

⑦验收标准框的正侧面垂直度少于 2mm,框的对角线长度差少于 2mm。

⑧用冲击钻在门洞墙内打眼,一般用 10 ~ 12mm 钻头,眼洞位置应呈梅花形。

⑨用合适的木钻打入眼内预留在外部约 10mm 长。

⑩按规定做好墙面防潮层。

⑪用 15 ~ 18mm 大芯板开好与墙体同样宽的板条,做成框架或直接钉板、定位、吊线、垂直、水平符合要求,用铁钉固定门框底板,再用 9mm 夹板钉内框,要预留门扇子口,计算好子口的宽度,同时计算好预留门槛的高度或室内铺木地板的厚度,使安装门扇成活后,门扇与地面的缝隙 8 ~ 10mm 为宜。

⑫门套扁线或面板碰角的底板用 9mm 夹板打底,最好嵌入墙内与墙面平,要用钉钉牢木塞,为使门套线及面板碰角平整,最好在两转角处用 7 字形整板。

⑬门套饰面板,用白乳胶粘贴,用小纹钉钉牢,碰角 45° 要密封,不得出现翘曲、锤印、钉冒、钉眼现象。

⑭在同墙面或同走廊门脑上口一定要在同一水平线上,不得出现高低不平的现象。

⑮门套线外要用线收口,不要只收两边不收门脑。

2. 推拉门的设计与施工

推拉门的设计与施工需要注意以下几个方面:

（1）推拉门常用于书房、阳台、厨房、卫生间、休闲区等,有平拉推拉门及暗藏推拉门。

（2）推拉门有单轨(宽度 50 ~ 60mm)双轨(100 ~ 120mm),槽内深度(55 ~ 60mm)为宜,以便安装道轨。

（3）压门用 18mm 大芯板,80 ~ 100mm 宽板条打锯路,双层错位用胶压,厚为 42mm 为宜(指木框玻璃门)。

（4）推拉门吊轮道轨用面板收口,门套需留子口,推拉门如果是木格玻璃门,面板需整板开挖。

（5）门扇框与框之间需要重叠、对称,吊轮道轨要用面板收口,门套要留子口,推拉门框要用整块面板开孔。

（6）推拉门推拉要顺畅。

（7）推拉门常用于书房、阳台门、厨房门、卫生间门或其他休闲区，一般都用玻璃木格或锁花类装饰，同时增加其透明度，既美观又扩大空间视野的感觉。

（8）折叠门的使用功能与推拉门相似，但打开时可全数折叠到一边，使进出更加宽敞自如，一般用于书房及休闲区。

（9）推拉门、折叠门套制作大体与门套相似，但注意门套道轨槽预留宽度，一般分单道轨槽和双道轨槽，在下料时应计算好槽内空宽度，单道轨槽为 50～60mm，双道轨槽内宽度为 100～120mm，槽内高度应根据吊轮大小而定，一般吊轮藏于道轨内。

（10）推拉门、折叠门套有平口和留子口两种，一般以预留子口为宜，因为将门推拢后，门扇嵌入子口内不露缝。

（11）推拉门、折叠门套的制作，依据施工图及门套预留的净宽开料压门。

（12）推拉门应计算好门扇与门扇的搭接宽度，用子母缝搭接时门扇应保证绝对平直、不变形。

（13）折叠门最好成单，以便安装吊轮折叠。折叠门不宜过宽，应在 300mm 为宜。

（14）推拉门、折叠门扇一般用两层 18mm 大芯板或两层 15mm 大芯板，80～100mm 宽板条打锯路钉框，错位叠放用胶压实，不得用大芯板挖空制作，加贴面板门厚度 42mm。

（15）推拉门、折叠门制作木格花、铁花安装应平整紧贴玻璃，不得超拱翘曲。收口线应与门框平整、光滑。

（16）推拉门、折叠门面板颜色与门套保持一致。

（17）推拉门、折叠门道轨安装绝对平直，轨道要收口。

（18）推拉门、折叠门安装必须牢固，推拉灵活流畅，横平竖直，大小一致，拉拢后不得出现 V 字形，推拉时不得发出响声。

三、楼梯设计

（一）楼梯的构成与形式

楼梯一般是由楼梯段、楼梯平台、栏杆（栏板）、扶手等组成。它们用不同的材料，以不同的造型实现了不同的功能（见图 5-22）。

楼梯段又称"楼梯跑"，是楼梯的主要使用和承重部分，用于连接上下两个平台之间的垂直构件，由若干个踏步组成。一般情况下，楼梯踏步不少于 3 步，不多于 18 步，这是为了行走时保证安全和防止疲劳。

楼梯平台包括楼层平台和中间平台两部分。中间（转弯）平台是连接楼梯段的平面构件，供人连续上下楼时调节体力、缓解疲劳，起休息和转弯的作用，故又称"休息平台"。楼层平台的标高与相应的楼面一致，除有着与中间平台相同的用途外，还用来分配从楼梯到达各楼层的人流。

楼梯栏杆是设置在梯段和平台边缘的围护构件，也是楼梯结构中必不可少的安全设施，栏杆的材质必须有足够的强度和安全性。扶手是附设于栏杆顶部，作行走时依扶之用。而设于墙体上的扶手称为靠墙扶手，当楼梯宽度较大或需引导人流的行走方向时，可在梯段中间加设中间扶手。楼梯栏杆与扶手的基本要求是安全、可靠、造型美观和实用。因此栏杆应能承受一定的冲力和拉力。

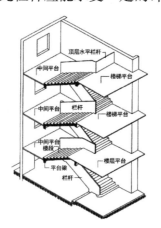

图 5-22　楼梯的组成形式

楼梯的类型与形式取决于设置的具体部位,楼梯的用途,通过的人流,楼梯间的形状、大小,楼层高低及造型、材料等因素。

(1)按设置的位置分为室外楼梯与室内楼梯,其中室外楼梯又分安全楼梯和消防楼梯,室内楼梯又分主要楼梯和辅助楼梯。

(2)按材料分为钢楼梯、铝楼梯、混凝土楼梯、木楼梯及其他材质的楼梯(见图5-23、图5-24)。

(3)按常见形式分为单梯段直跑楼梯、双梯段直跑楼梯、双跑平行楼梯、三跑楼梯、双分平行楼梯、双合平行楼梯、转角楼梯、交叉楼梯、剪刀楼梯、螺旋楼梯、弧形楼梯等(见图5-25、图5-26)。

图5-23　木楼梯图　　　　5-24　混凝土楼梯

图5-25　弧形楼梯　　　　图5-26　螺旋式楼梯

(二)楼梯的设计尺度分析

楼梯在室内装饰装修中占有非常重要的地位,其设计的好坏,将直接影响整体空间效果。所以楼梯的设计除满足基本的使用功能外,应充分考虑艺术形式、装饰手法、空间环境等关系。

楼梯的宽度主要满足上下人流和搬运物品及安全疏散的需要,同时还应符合建筑防火规范的要求。楼梯段宽度是由通过该梯段的人流量确定的,公共建筑中主要交通用楼梯的梯段净宽按每股人流 550 ~ 750mm 计算,且不少于两股人流;公共建筑中单人通行的楼梯宽度应不小于 900mm,以满足单人携带物品通行时不受影响;楼梯中间平台的净宽不得小于楼梯段的宽度;直跑楼梯平台深度不小于 2 倍踏步宽加一步踏步高。双跑楼梯中间平台深度≥梯段宽度,而一般住宅内部的楼梯宽度可适当缩小,但不宜小于 850mm。

楼梯坡度是由楼层的高度以及踏步高宽比决定的。踏步的高与宽之比需根据行走的舒适、安全和楼梯间的面积、尺度等因素进行综合考虑。楼梯坡度一般在 23° ~ 45° 范围内,坡度越小越平缓,行走也越舒适,但扩大了楼梯间的进深,而增加占地面积;反之缩短进深,节约面积,但行走较费力,因此以 30° 左右较为适宜。当坡度小于 23° 时,常做成坡道,而坡度大于 45° 时,则采用爬梯。

楼梯踏步高度和宽度应根据不同的使用地点、环境、位置、人流而定。学校、办公楼踏步高一般在 140 ~ 160mm,宽度为 280 ~ 340mm;影剧院、医院、商店等人流量大的场所其踏步高度一般为 120 ~ 150mm,宽度为 300 ~ 350mm;幼儿园踏步较低为 120 ~ 150mm,宽为 260 ~ 300mm。而住宅楼梯的坡度较一般公共楼梯坡度大,踏步的高度一般在 150 ~ 180mm,宽度在 250 ~ 300mm。

楼梯栏杆(栏板)扶手的高度与楼梯的坡度、使用要求、位置等有关,当楼梯坡度倾斜很大时,扶手的高度可降矮,当楼梯坡度平缓时高度可稍大。通常建筑内部楼梯栏杆扶手的高度以踏步表面往上 900mm,幼儿园、小学校等供儿童使用的栏杆可在600mm 左右高度再增设一道扶手。室外不低于 1100mm,栏杆之间的净距不大于110mm。

楼梯的净空高度应满足人流通行和家具搬运的方便，一般楼梯段净高宜大于2200mm；平台梁下净高不小于2000mm。

（三）楼梯设计的规律与实践

公共建筑中楼梯分为主楼梯和辅助楼梯两大类。主楼梯应布置在入口较为明显，人流集中的交通枢纽地方；具有醒目、美化环境、合理利用空间等特点。辅助楼梯应设置在不明显但宜寻找的位置，主要起疏散人流的作用。

住宅空间中楼梯的位置往往明显但不宜突出，一般设于室内靠墙处，或公共部位与过道的衔接处，使人能一眼就看见，又不过于张扬。但在别墅或高级住宅中，楼梯的设置越来越多样化、个性化，不拘于传统，通常位置显眼以充分展示楼梯的魅力，成为住宅空间中重要的构图因素之一。

第三节　色彩设计语言表达

一、色彩语言分析：色彩三要素与情感效应

（一）色彩三要素

色相、明度和纯度是色彩的三要素。

色相是色彩的表象特征，通俗地讲，就是色彩的相貌，也可以说是区别色彩用的名称。通俗一点讲，所谓色相，是指能够比较确切地表示某种颜色的色别名称，如玫瑰红、橘黄、柠檬黄、钻蓝、群青、翠绿，等等，用来称谓对在可视光线中能辨别的每种波长范围的视觉反应。色相是有彩色的最重要的特征，它是由色彩的物理性能所决定的，由于光的波长不同，特定波长的色光就会显示

特定的色彩感觉,在三棱镜的折射下,色彩的这种特性会以一种有序排列的方式体现出来,人们根据其中的规律性,便制定出色彩体系。色相是色彩体系的基础,也是我们认识各种色彩的基础,有人称其为"色名",是我们在语言上认识色彩的基础。

明度是指色彩的明暗差别。不同色相的颜色,有不同的明度,黄色明度高,紫色明度低。同一色相也有深浅变化,如柠檬黄比橘黄的明度高,粉绿比翠绿的明度高,朱红比深红的明度高,等等。在无彩色中,明度最高的色为白色,明度最低的色为黑色,中间存在一个从亮到暗的灰色系列。在有彩色中,任何一种纯度色都有自己的明度特征。例如,黄色为明度最高的色,处于光谱的中心位置,紫色是明度最低的色,处于光谱的边缘。

"纯度"又称"饱和度",它是指色彩鲜艳的程度。纯度的高低决定了色彩包含标准色成分的多少。在自然界,不同的光色、空气、距离等因素,都会影响到色彩的纯度。比如,近的物体色彩纯度高,远的物体色彩纯度低,近的树木的叶子色彩是鲜艳的绿,而远的则变成灰绿或蓝灰等。

(二)色彩的情感效应

色彩的情感效应及所代表的颜色(见表 5–2)。

表 5–2　色彩的情感效应

色彩情感	产生原理与代表颜色
冷暖感	冷暖感本来是属于触感的感觉,然而即使不去用手摸而只是用眼看也会感到暖和冷,这是由于一定的生理反应和生活经验的积累的共同作用而产生的。 色彩冷暖的成因作为人类的感温器官,皮肤上广泛地分布着温点与冷点,当外界高于皮肤温度的刺激作用于皮肤时,经温点的接受最终形成热感,反之形成冷感。 代表颜色:暖色,如紫红、红、橙、黄、黄绿;冷色,如绿、蓝绿、蓝、紫。
轻重感	轻重感是物体质量作用于人类皮肤和运动器官而产生的压力和张力所形成的知觉。 明度、彩度高的暖色(白、黄等),给人以轻的感觉,明度、彩度低的冷色(黑、紫等),给人以重的感觉。 按由轻到重的次序排列为:白、黄、橙、红、中灰、绿、蓝、紫、黑。

色彩情感	产生原理与代表颜色
软硬感	色彩的明度决定了色彩的软硬感。它和色彩的轻重感也有着直接的关系。 明度较高、彩度较低、轻而有膨胀感的暖色显得柔软。 明度低、彩度高、重而有收缩感的冷色显得坚硬。
欢快和忧郁感	色彩能够影响人的情绪,形成色彩的明快与忧郁感,也称色彩的积极与消极感。 高明度、高纯度的色彩比较明快、活泼,而低明度、低纯度的色彩则较为消沉、忧郁。无彩色中黑色性格消极,白色性格明快,灰色适中,较为平和。
舒适与疲劳感	色彩的舒适与疲劳感实际上是色彩刺激视觉生理和心理的综合反应。暖色容易使人感到疲劳和烦躁不安;冷色容易使人感到沉重、阴森、忧郁;清淡明快的色调能给人以轻松愉快的感觉。
兴奋与沉静感	彩度高的红、橙、黄等鲜亮的颜色给人以兴奋感;蓝绿、蓝、蓝紫等明度和彩度低的深暗的颜色给人以沉静感。
清洁与污浊感	有的色彩令人感觉干净、清爽,而有的浊色,常会使人感到藏有污垢。清洁感的颜色如明亮的白色、浅蓝、浅绿、浅黄等;污浊的颜色如深灰或深褐。

二、色彩性格及在室内设计中的表达

（一）红色

红色是一种热烈而欢快的颜色,它在人的心理上是热烈、温暖、冲动的颜色。

红色运用于室内设计,可以大大提高空间的注目性,使室内空间产生温暖、热情、自由奔放的感觉,另外,红色有助于增强食欲,可用于厨房装饰,如图 5-27 所示。

图 5-27　红色——热情的厨房设计

（二）绿色

绿色具有清新、舒适、休闲的特点，有助于消除神经紧张和视力疲劳。绿色运用于室内装饰，可以营造出朴素简约、清新明快的室内气氛，图 5-28 所示。

图 5-28　绿色——清新、明快的室内设计

（三）黄色

黄色具有高贵、奢华、温暖、柔和、怀旧的特点。黄色是室内设计中的主色调，可以使室内空间产生温馨、柔美的感觉，如图 5-29 所示。

图 5-29　黄色——温馨的家居室内设计

（四）蓝色

蓝色具有清爽、宁静、优雅的特点，象征深远、理智和诚实。蓝色运用于室内装饰，可以营造出清新雅致、宁静自然的室内气氛，如图 5-30 和图 5-31 所示。

图 5-30　蓝色——宁静雅致
的室内设计（1）

图 5-31　蓝色——宁静雅致
的室内设计（2）

（五）黑色

黑色具有稳定、庄重、严肃的特点，象征理性、稳重和智慧。黑色运用于室内装饰，可以增强空间的稳定感，营造出朴素、宁静的室内气氛，如图 5-32 所示。

图 5-32　黑色——稳重、朴素的展厅室内设计

（六）白色

白色具有简洁、干净、纯洁的特点，象征高贵、大方。白色运用

于室内装饰,可以营造出轻盈、素雅的室内气氛,如图 5-33 所示。

图 5-33　白色——干净、高贵的银行室内设计

（七）紫色

紫色具有冷艳、高贵、浪漫的特点,象征天生丽质,浪漫温情。紫色具有罗曼蒂克般的柔情,是爱与温馨交织的颜色,尤其适合新婚的小家庭。紫色运用于室内装饰,可以营造出高贵、雅致、纯情的室内气氛,如图 5-34 所示。

图 5-34　紫色——冷艳、高贵的贝尼多姆大使酒店室内设计

（八）灰色

灰色具有简约、平和、中庸的特点,象征儒雅、理智和严谨。灰色是深思而非兴奋、平和而非激情的色彩,使人视觉放松,给人以朴素、简约的感觉。此外,灰色使人联想到金属材质,具有冷峻、时尚的现代感。灰色运用于室内装饰,可以营造出宁静、柔和的室内气氛,如图 5-35 所示。

图 5-35　灰色——简约、时尚的室内设计

（九）褐色

褐色具有传统、古典、稳重的特点，象征沉着、雅致。褐色使人联想到泥土，具有民俗和文化内涵。褐色具有镇静作用，给人以宁静、优雅的感觉。中国传统室内装饰中常用褐色作为主调，体现出东方特有的古典文化魅力，如图 5-36 所示。

图 5-36　褐色——中国传统风格的室内设计

三、室内色彩的灵感来源

（一）汲取传统精华

中国传统色彩文化以其特殊的内涵与神韵，吸引了众多学者的关注与研究。在室内设计中，传统色彩观的精华思想可以作为我们设计哲学的指导思想，启发我们，让我们更好地悟出室内设

计的真谛,从而设计出更加和谐的室内空间。在当代生活,室内环境中传统色彩的融入不仅是人们的精神需求和生活实际的需要,也是中国传统文化自身发展提高的要求。因而,如何在现代设计中将这些漫长岁月积淀下来的宝贵的色彩文化发扬光大,在汲取当代国际先进设计艺术、观念的同时,创造出具有中国特色的现代室内设计风格,传统色彩的文化内涵和设计观念带给我们深刻的启示。

传统色彩精华,包括仁、礼的儒家文化色彩、道家尚黑的色彩观(见图5-37)、佛家"虚无"的色彩文化以及传统的物色本源,五行五色等,这些都是室内设计师进行室内色彩设计的灵感来源。

图5-37　室内设计中道家尚黑的色彩灵感

(二)借鉴时尚、流行

室内设计是现代科技与艺术的综合体现,富有时代特色的特点。室内空间色彩的创意与应用不可避免地会受到流行色的影响,尤其是在商业、娱乐、休闲场所的室内色彩设计,由于更新周期快,且有与时俱进的特点,更应讲究流行色的使用,如图5-38所示。设计师选择绿色门廊做装饰,选择灰色为吊顶的颜色,以此完成了室内空间和户外美景的自然过渡。在室内空间中灰色调中混合着阳光,可以更加突出蓝绿色调的跳跃,体现温暖舒适的室内空间氛围。

在设计时需要充分发挥想象,不断实践,不断调整色彩选择,才能真正体会色彩创意的独特魅力。

图 5-38　2016 年流行色在室内设计中的运用

四、室内色彩的搭配与组合设计

色彩的搭配与组合可以使室内色彩更加丰富、美观。室内色彩搭配力求和谐统一,通常用两种以上的颜色进行组合,要有一个整体的配色方案,不同的色彩组合可以产生不同的视觉效果,也可以营造出不同的环境气氛。

黄色 + 茶色(浅咖啡色):怀旧情调,朴素、柔和。

蓝色 + 紫色 + 红色:梦幻组合,浪漫、迷情。

黄色 + 绿色 + 木本色:自然之色,清新、悠闲。

黑色 + 黄色 + 橙色:青春动感,活泼、欢快。

蓝色 + 白色:地中海风情,清新、明快。

青灰 + 粉白 + 褐色:古朴、典雅。

红色 + 黄色 + 褐色 + 黑色:中国民族色,古典、雅致。

米黄色 + 白色:轻柔、温馨。

黑 + 灰 + 白:简约、平和。

第四节　室内家具、陈设与布艺设计语言表达

一、室内家具设计语言表达

（一）家具的类别表现

家具的类别根据不同的依据,具有不同的分类方法。

按基本功能划分,有以下几类:

（1）坐卧家具,如椅、凳、沙发、床、榻等。

（2）凭倚家具,如桌子、柜台、茶几、床头柜等。

（3）储物家具,主要指储存衣服、被褥、书刊、器皿、货物的壁柜、衣柜、书架、货架及各种隔板等。

（4）装饰家具,用来美化空间的,具有很强的装饰性,可称装饰类家具,如博古架与花几等。

按制作材料划分,则表现为以下几类:

（1）木制家具,材质轻,强度高,质感柔和,造型丰富,常用木材有柳桉、水曲柳、柚木、楠木、红木、花梨木等。

（2）藤、竹家具,具有质轻高强和质朴自然的特点,而且富有弹性和韧性,多为凳、椅、茶几甚至沙发、书架、屏风、隔断等。

（3）塑料家具,常见的有模压成型的硬质塑料家具,有挤压成型的管材、型材接合的家具,有由树脂与玻璃纤维配合生产的玻璃铆家具,还有软塑料充气、充水家具等。

（4）金属家具,包括全金属家具以及金属框架与玻璃或木板构成的家具,实用、简练,适合大批量生产。

（5）软垫家具,主要指带软垫的床、沙发和沙发椅。

按家具组成,可划分为以下几类:

（1）框式家具,传统木家具多数属于框架式,其坚固耐久,适

合桌、椅、床、柜等各式家具,并有固定、装拆的区别。框式家具常有木框及金属框架等。

（2）板式家具,板式家具是用板式材料进行拼装和承受荷载,常以胶合或金属连接件等方法,视不同材料而定,板材多为细木板和人造板。其结构简单、节约材料、组合灵活、外观简洁、造型新颖、富有时代感。

（3）折叠家具,特点是用时打开,不用时收拢,体积小,占地少,移动、堆积、运输极方便。柜架类常用于家庭,桌椅类常用于会议室、餐厅和观览厅。

（4）拆装家具,指从结构设计上提供了更简便的拆装机会,甚至可以在拆后放到皮箱或纸箱携带和运输的家具。其形式简单,可以变化为很多不同的造型。

（5）支架家具,支架家具主要由木或金属支架,柜橱或隔板两部分组成。可悬挂在墙、柱上,也可支撑在地面上,其特点是轻巧活泼,制作简便,占地面积少,多用于客厅、卧室、书房、厨房等。

（6）充气家具,主体是聚氨基甲酸乙酯泡沫和密封气体组成的一个不漏气胶囊,大大简化了工艺过程、减轻了重量,并给人以透明、新颖的印象。充气家具目前还只限用于床、椅、沙发等。

（7）注塑家具,采用硬质和发泡塑料,用模具浇筑成型的塑料家具,整体性强,是一种特殊的空间结构。其特点为质轻、光洁、色彩丰富、成型自由、成本低,易于清洁和管理,主要在餐厅、车站、机场中广泛应用。

此外,按照构造体系,其类别有:单体家具、组合家具、配套家具和固定家具。

（二）家具的布置与设计

1.合理的位置

陈设格局即家具布置的结构形式。格局问题的实质是构图问题。总的说来,陈设格局分规则和不大规则两大类,规则式多表现为对称式。有明显的轴线,特点是严肃和庄重,因此,常用于会议厅、接待室和宴会厅,主要家具成圆形、方形、矩形或马蹄形。不规则式的特点是不对称,没有明显的轴线,气氛自由、活泼、富于变化,因此,常用于休息室、起居室、活动室等。这种格局在现代建筑中最常见,因为它随和、新颖,更适合现代生活的要求。不论采取哪种格局,家具布置都应符合有散有聚、有主有次的原则。一般地说,空间小时,宜聚不宜散;空间大时,宜适当分散(见图 5-38)。

图 5-39　家具的对称摆放

室内空间的位置环境各不相同,在位置上有靠近出入口的地带、室内中心地带、沿墙地带或靠窗地带,以及室内后部地带等区别,各个位置的环境如采光效率、交通影响、室外景观各不相同。应结合使用要求,使不同家具在室内各得其所。

2. 家具的数量

室内家具的数量,要根据不同性质的空间的使用要求和空间的面积大小来决定,在诸如教室、观众厅等空间内,家具的多少是严格按学生和观众的数量决定的,家具尺寸、行距、排距都有明确的规定。在一般房间如卧室、客房、门厅中,则应适当控制家具的类型和数量,在满足基本功能要求的前提下,充分考虑容纳人数和空间活动的舒适度,尽量留出较多的空间,以免给人拥挤不堪、杂乱无章的印象。

3. 家具的布置形式和方法

家具的布置形式和方法 (见表 5-3)。

表 5-3 家具的布置形式和方法

依据	形式	图示	方法
家具在空间中的位置	周边式		沿四周墙布置,留出中间空间位置,空间相对集中,易于组织交通
	岛式		将家具布置在室内中心部位,留出周边空间,强调家具的中心地位
	走道式		将家具布置在室内两侧,中间留出走道。适合人数少的客房布置
	单边式		将家具集中在一边,留出另一边走道,工作区与交通区截然分开
家具的布置格局	对称式		用于隆重、正规的场合
	非对称式		用于轻松、非正规的场合
	分散式		常适合功能多样、家具品类较多、房间面积较大的场合
	集中式		常适合功能比较单一、家具品类不多、房间面积较小的场合
家具布置与墙面的关系	靠墙布置		充分利用墙面,使室内留出更多的空间
	垂直于墙面布置		考虑采光方向与工作面的关系,起到分隔空间的作用
	临空布置		用于较大的空间,形成空间中的空间

二、室内陈设设计语言表达

室内陈设是指室内的摆放,是用来营造室内气氛和传达精神功能的物品。随着人们生活水平和审美意识的提高,人们越来越注重室内陈设品装饰的重要性。

（一）室内陈设的两种类别

1.功能性陈设

功能性陈设主要包括餐具、茶具和生活用品等。

（1）餐具

餐具是指就餐时所使用的器皿和用具。主要分为中式和西式两大类:中式餐具包括碗、碟、盘、勺、筷、匙、杯等,材料以陶瓷、金属和木制为主;西式餐具包括刀、叉、匙、盘、碟、杯、餐巾、烛台等,材料以铜、金、银、陶瓷为主。

餐具是餐厅的重要陈设品,其风格要与餐厅的整体设计风格相协调,更要衬托主人的身份、地位、审美品位和生活习惯。一套形式美观且工艺考究的餐具还可以调节人们进餐时的心情,增加食欲。餐具设计如图 5-40 和图 5-41 所示。

图 5-40　餐具设计（1）　　图 5-41　餐具设计（2）

（2）茶具

茶具亦称茶器或茗器,是指饮茶用的器具,包括茶台、茶壶、茶杯和茶勺等。其主要材料为陶和瓷,代表性的有江苏宜兴的紫砂茶具、江西景德镇的瓷器茶具等。

紫砂茶具(见图 5-42 和图 5-43)由陶器发展而成,是一种新质陶器。江苏宜兴的紫砂茶具是用江苏宜兴南部埋藏的一种特殊陶土,即紫金泥烧制而成的。这种陶土含铁量大,有良好的可塑性,色泽呈现古铜色和淡墨色,符合中国传统的含蓄、内敛的审美要求,从古至今一直受到品茶人的钟爱。其茶具风格多样,造型多变,富含文化品位。同时,这种茶具的质地也非常适合泡茶,具有"泡茶不走味,贮茶不变色,盛暑不易馊"三大特点。

图 5-42　茶具陈设设计(1)　图 5-43 茶具陈设设计(2)

瓷器(见图 5-44 和图 5-45)是中国文明的一面旗帜。中国茶具最早以陶器为主,瓷器发明之后,陶质茶具就逐渐为瓷质茶具所代替。瓷器茶具又可分为白瓷茶具、青瓷茶具和黑瓷茶具等。瓷器之美,让品茶者享受到整个品茶活动的意境美。瓷器本身就是一种艺术,是火与泥相交融的艺术,这种艺术在品茶的意境之中给欣赏者更有效的欣赏空间和欣赏心情。瓷器茶具中的青花瓷茶具,清新典雅,造型精巧,胎质细腻,釉色纯净,体现了中国传统文化的精髓。

(3)生活用品

生活日用品是指人们日常生活中使用的产品,如水杯、镜子、牙刷、开瓶器等。其不仅具有实用功能,还可以为日常生活增添几分生机和情趣。图 5-46 和图 5-47 为生活用品装饰设计。

图 5-44　瓷器茶具陈设（1）　图 5-45　瓷器茶具陈设（2）

图 5-46　水杯陈设　　　　图 5-47　牙刷陈设

其中镜子晶莹剔透又宜于切割成各种形式,同时不同材质有不同的反光效果,习惯被用于各种室内软装饰中。在现代风格和欧式风格中,常在背景墙、顶棚等位置使用印花、覆膜镜在延伸空间;在古典欧式风格中,常采用茶色或深色的菱形镜面来装饰;在其他风格中,根据风格和空间的主体色调,也可采用木质镜框和铁艺镜框的镜子装饰空间。比如,图 5-48 所示为卫生间常用的普通镜子,使墙面更亮丽;图 5-49 中,茶色的镜子用作墙面装饰,极具时尚感。

2. 装饰性陈设

装饰性陈设品指本身没有实用性,纯粹作为观赏的装饰品,包括装饰画、书法、摄影等艺术作品,以及陶瓷、雕塑、漆器、剪纸、布贴等工艺品,它们都具有很高的观赏价值,能丰富视觉效果,营造室内环境的文化氛围。本节主要探讨装饰画和工艺品。

图 5-48　卫生间镜子　　图 5-49　茶色墙面镜子

（1）装饰画

随着人们对空间审美情趣的提高，装饰画作为墙面的重要装饰，能够结合空间风格，营造出各种符合人们情感的环境氛围。许多家庭在处理空白的墙面时，都喜欢挂装饰画来修饰。不同的装饰画可以体现主人的文化修养；不同的边框装饰和材质，也能影响整个空间的视觉感官。

目前市场上的装饰画，有着各种形式和类别，常见的有油画、摄影画、挂毯画、木雕画、剪纸画等，其表现的题材和内容、风格各异。例如，热情奔放类型的装饰画，颜色鲜艳，较适合在婚房装饰；古典油画系列的装饰画，题材多为风景、人物和静物，适宜欧式风格装修，或喜好西方文化的人士；摄影画的视野开阔、画面清晰明朗，一般在现代风格的家居中摆放，可增强房间的时尚感和现代感。比如图 5-50，小幅挂画对称悬挂，较大的可单独悬挂，与桌面上的装饰品相互搭配，形成良好的装饰效果。在图 5-51 中，装饰画置于书架搁架之中，起到装饰的作用。

采用平面形式的装饰画，对称悬挂，题材相似却又有区分，与背景花色相得益彰，如图 5-52 所示。

图 5-50　小幅挂画

图 5-51　书架中的装饰画

图 5-52　对称悬挂的装饰画

　　在中式风格的家中,则常采用水墨字画,或豪迈狂放,或生动逼真,无论是随意置于桌上,还是悬挂于墙上,都将时尚大气的格调展露无遗,如图 5-53 和图 5-54 所示。

　　客厅装饰画应用。客厅是每个家庭中最引人注目的地方,并负有联系内外、沟通宾主的使命。一般在客厅用装饰画来点缀空间,凸显空间的层次。客厅作为主要的家居活动场所,类似装饰画类的配饰往往成为视觉重点,可以选择以风景、人物、聚会活动等为题材的装饰画,或让人联想丰富的抽象画、印象画。如果是别墅等高档住宅,也可根据整体装修风格选择一些肖像画或者特殊装饰画,彰显主人的身份和地位。画框与作品的风格应与大厅内的家居装饰风格统一,色彩可以亮丽鲜艳些,成为视觉中心。因为作品大,所以不宜过高,框底比沙发背高 30cm 左右即可。

卧室装饰画应用。卧室是人们休息的场所,力求温馨浪漫和优雅舒适。选择挂放一些风景、花卉等题材的暖色系装饰画能够营造出温馨甜美的家庭感觉。卧室也是异想天开、美妙梦境的温床,是联结现实人生与臆想幻觉的纽带。由于是私密的个人空间,因此装饰画的选择可以不拘泥内容,自己喜欢最好。当然,如果自己喜欢的装饰画又能与卧室内的家具、床上用品的风格相协调,那就是锦上添花了。

图 5-53　中国字画的陈设　图 5-54　悬挂于墙上的中国字画

书房装饰画应用。书房配画,很大程度上是客厅配画的一种延伸。但由于书房的自身特点,在侧重点上会与客厅配画略有不同。首先,一般来说,由于书房的空间都比较小,所以应把握好尺幅上的选择,过大会导致强烈的压迫感,过小则会给装饰画自身带来局限,丧失其应有的功效。其次,要注意把握好"静"和"境"两个字。画面主题内容的动感度应较低,同时在色调的选择上也要在柔的基础上偏向冷色系,以营造出"静"的氛围。配画构图应有强烈的层次感和远延拉伸感,在增大书房空间感的同时也有助于缓解眼部疲劳;在题材内容的选取上,除了协调性、艺术性外，还要偏向具有浓厚历史文化背景的主题，以达到"境"的提升。书房可选择字画、山水画或人文类题材作为装饰。

走廊装饰画应用。走廊的墙面很适合布置成艺术走廊，可同时挂几幅作品。画框的款式规格应一致，单幅控制在50cm×60cm左右，形成连续的整体，既美观又利于欣赏。如果每幅画上方有重点照明效果会更好。在选择装饰画的时候首先要测量好墙面的长度和宽度，按照墙面的长宽比来确定装饰画的大小及数量。一般来说，狭长的墙面适合挂放狭长、多幅组合或者小幅的画；方形的墙面适合挂放横幅、方形或是小幅的画，画框款式要相称，作品悬挂高度要适中等。针对不同的空间大小，与之相适应的装饰画的尺寸和形状也很重要。装饰画尺寸上，要很好地与室内环境协调。如果空间较大，如客厅，就可以选择大幅的画，显得大气，视觉冲击力强。如果房间很小，则不应选择大幅的画，以免显得压抑。另外，小房间应选择色调较明亮的画，否则会给人压抑的感觉。

现在市面上也开始出现一些非方形的特殊形状的装饰画，这种画的挑选更要注意考虑环境，不能一味地图新鲜，以免影响环境的整体美观性，从而导致整体品位降低。方形画比较多见，也容易与环境相配，但如果遇到一些特殊的空间位置，如墙角等，还是需要适当选用非方形画来装饰特殊形的空间的。

室内装饰画还可用点缀色打破室内色彩的单调，增添趣味，如沉闷的室内色调可用色彩艳丽的色调作品点缀，活泼的室内色调可通过沉稳的色彩画面来调和，一切根据具体环境来定。此外，画幅尺寸、数量是必须考虑的问题。一般来讲，大空间的装饰画面积应大，小空间的装饰画面积应小。然而，在大空间里，当人的流动路线与装饰画很近时，装饰画就不宜过大；而在小空间里，当人的流动路线与装饰画很远时，装饰画又不宜过小。根据室内空间形态的需要，装饰画的形状可以是规则形，也可以是与特殊空间形态协调的特殊形。装饰绘画的组合方式分对称式、均衡式、自由式、对比式四种。装框与装裱的方式又为有框和无框两种。

（2）装饰工艺品

在室内家居软装上，还需要通过一些小小的工艺品陈设来点缀，以增加品位和涵养。工艺品的选择，往往要花费很多心思。

例如，图5-55书桌上，通过铜质的地球仪、皮质笔记本、排列的旧书以及咖啡杯子来增加惬意、文化气氛。

再如，图5-56所示的中式博古架，通过中式陶艺饰品、陶马、瓷杯饰物等的陈设布置，显示出了主人的品位。

图5-55　书桌上的陈设设计　　图5-56　中式博古架陈设

（二）室内陈设的布置设计

1. 桌面摆设

桌面摆设包括不同类型和情况，如办公桌、餐桌、茶几、会议桌以及略低于桌高的靠墙或沿窗布置的储藏柜和组合柜等。桌面摆设一般均选择小巧精致、宜于微观欣赏的材质制品，并可按时即兴灵活更换。桌面摆设可见图5-57。

2. 墙面与路面陈设

墙面陈设一般以平面艺术为主，也常见将立体陈设品放在壁柜中，如花卉、雕塑等，并配以灯光照明，也可在路面设置悬挑轻型搁架以存放陈设品。路面上布置的陈设常和家具发生上下对应关系，可以是正规的，也可以是较为自由活泼的形式，可采取垂直或水平伸展的构图,组成完整的视觉效果(见图 5–58)。

图 5–57　桌面陈设

图 5–58　墙面陈设

3. 落地陈设

　　雕塑、瓷瓶、绿化等大型的装饰品,常落地布置,布置在大厅中央的常成为视觉的中心,也可放置在厅室的角隅、墙边或出入口旁、走道尽端等位置,作为重点装饰,或起到视觉上的引导作用和对景作用,见图 5–59。

图 5-59　落地陈设

4. 悬挂陈设

空间高大的厅室,常采用悬挂各种装饰品,如织物、绿化、抽象金属雕塑、吊灯等,弥补空间空旷的不足,并有一定的吸声或扩散的效果,居室也常利用角落悬挂灯具、绿化或其他装饰品,既不占面积又装饰了枯燥的墙边角隅(见图 5-60)。

图 5-60　悬挂织物陈设

5. 橱柜陈设

数量大、品种多、形色多样的小陈设品,最宜采用分格分层的隔板、博古架,或特制的装饰柜架进行陈列展示,这样可以达到多而不繁、杂而不乱的效果(见图 5-61)。

图 5-61　橱柜陈设

三、室内布艺设计语言表达

室内布艺是指以布为主要材料,经过艺术加工达到一定的艺术效果与使用条件,满足人们生活需求的纺织类产品。室内布艺包括窗帘、地毯、枕套、床罩、椅垫、靠垫、沙发套、台布、壁布等。其主要作用是既可以防尘、吸音和隔音,又可以柔化室内空间,营造出室内温馨、浪漫的情调。室内布艺设计是指针对室内布艺进行的样式设计和搭配(见图 5-62)。

图 5-62　室内布艺设计

（一）室内布艺的特征表达

1. 风格各异

室内布艺的风格各异，主要有欧式、中式、现代和田园几种代表风格。其样式也随着不同的风格呈现出不同的特点。例如，欧式风格的布艺手工精美，图案繁复，常用棉、丝等材料，金、银、金黄等色彩，显得奢华、华丽，显示出高贵的品质和典雅的气度；田园风格的布艺讲究自然主义的设计理念，将大自然中的植物和动物形象应用到图案设计中，体现出清新、甜美的视觉效果。

2. 装饰效果突出

室内布艺可以根据室内空间的审美需要随时更换和变换，其色彩和样式具有多种组合，也赋予了室内空间更多的变化。例如，在一些酒吧和咖啡厅的设计中，利用布艺做成天幕，软化室内天花，柔化室内灯光，营造温馨、浪漫的情调；在一些楼盘售楼部的设计中，利用金色的布艺包裹室内外景观植物的根部，营造出富丽堂皇的视觉效果。

3. 方便清洁

室内布艺产品不仅美观、实用，而且便于清洗和更换。例如，室内窗帘不仅具有装饰作用，而且还可以弱化噪声，柔化光线；室内地毯既可以吸收噪声，又可以软化地面质感。此外，室内布艺还具有较好的防尘作用，可以随时清洗和更换。

（二）类别分析及应用

室内布艺设计可以分为以下几类。❶

---

❶ 室内布艺从使用角度上，可分为功能性布艺（如地毯、窗帘、靠枕和床上用品等）和装饰性布艺（如挂毯、布艺装饰品等）。

1. 窗帘

窗帘具有遮蔽阳光、隔声和调节温度的作用。窗帘应根据不同空间的特点及光线照射情况来选择。采光不好的空间可用轻质、透明的纱帘,以增加室内光感;光线照射强烈的空间可用厚实、不透明的绒布窗帘,以减弱室内光照。隔声的窗帘多用厚重的织物来制作,折皱要多,这样隔声效果更好。窗帘的材料主要有纱、棉布、丝绸、呢龙等。

窗帘的款式主要有以下几类:

(1)拉褶帘:用一个四叉的铁钩吊着缝在窗帘的封边条上,造成 2～4 褶的形式的窗帘。可用单幅或双幅,是家庭中常用的样式(见图 5-63)。

(2)卷帘:是一种帘身平直,由可转动的帘杆将帘身收放的窗帘。其以竹编和藤编为主,具有浓郁的乡土风情和人文气息(见图 5-64)。

图 5-63　拉褶帘　　　图 5-64　卷帘

(3)拉杆式帘:是一种帘头圈在帘杆上拉动的窗帘。其帘身与拉褶帘相似,但帘杆、帘头和帘杆圈的装饰效果更佳。

(4)水波帘:是一种卷起时呈现水波状的窗帘,具有古典、浪漫的情调,在西式咖啡厅广泛采用(见图 5-65)。

(5)罗马帘:是一种层层叠起的窗帘,因出自古罗马,故而得名罗马帘。其特点是具有独特的美感和装饰效果,层次感强,有极好的隐蔽性(见图 5-66)。

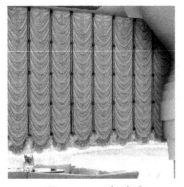
图 5-65　水波帘

图 5-66　罗马帘

（6）垂直帘：是一种安装在过道，用于局部间隔的窗帘。其主要材料有水晶、玻璃、棉线和铁艺等，具有较强的装饰效果，在一些特色餐厅广泛使用（见图 5-67）。

（7）百叶帘：是一种通透、灵活的窗帘，可用拉绳调整角度及上落，广泛应用于办公空间（见图 5-68）。

图 5-67　垂直帘

图 5-68　百叶帘

2. 地毯

地毯是室内铺设类布艺制品，不仅可以增强艺术美感，还可以吸收噪声，创造安宁的室内气氛。此外，地毯还可使空间产生集合感，使室内空间更加整体、紧凑。地毯主要分为以下几类：

（1）纯毛地毯。纯毛地毯抗静电性很好，隔热性强，不易老化、磨损、褪色，是高档的地面装饰材料（见图 5-58）。纯毛地毯多用于高级住宅、酒店和会所的装饰，价格较贵，可使室内空间呈现出华贵、典雅的气氛。它是一种采用动物的毛发制成的地毯，如纯羊毛地毯。其不足处是抗潮湿性较差，而且容易发霉。所以，使用纯毛地毯的空间要保持通风和干燥，而且要经常进行清洁。

图 5-69　纯毛地毯

（2）合成纤维地毯。合成纤维地毯（见图 5-70 和图 5-71）是一种以丙纶和腈纶纤维为原料，经机织制成面层，再与麻布底层融合在一起制成的地毯。纤维地毯经济实用，具有防燃、防虫蛀、防污的特点，易于清洗和维护，而且质量轻、铺设简便。与纯毛地毯相比缺少弹性和抗静电性能，且易吸灰尘，质感、保温性能较差。

图 5-70　合成纤维地毯（1）　　　图 5-71　合成纤维地毯（2）

（3）混纺地毯。混纺地毯是一种在纯毛地毯纤维中加入一定比例的化学纤维制成的地毯（见图 5-72 和图 5-73）。这种地毯在图案、色泽和质地等方面与纯毛地毯差别不大，装饰效果好，且克服了纯毛地毯不耐虫蛀的缺点,同时提高了地毯的耐磨性,有吸音、保温、弹性好、脚感好等特点。

图 5-72　混纺地毯（1）　　图 5-73　混纺地毯（2）

（4）塑料地毯。塑料地毯是一种质地较轻、手感硬、易老化的地毯。其色泽鲜艳,耐湿、耐腐蚀性、易清洗,阻燃性好,价格低。

3. 靠枕

靠枕是沙发和床的附件,可调节人的坐、卧、靠姿势。靠枕的形状以方形和圆形为主,多用棉、麻、丝和化纤等材料,采用提花、印花和编织等制作手法,图案自由活泼,装饰性强。靠枕的布置应根据沙发的样式来进行选择,一般素色的沙发用艳色的靠枕,而艳色的沙发则用素色的靠枕。靠枕主要有以下几类:

（1）方形靠枕。方形靠枕的样式、图案、材质和色彩较为丰富,可以根据不同的室内风格需求来配置（见图 5-74 和图 5-75）。它是一种体形呈正方形或长方形的靠枕,一般放置在沙发和床头。方形靠枕的尺寸通常有正方形 40 cm × 40 cm、50 cm × 50 cm,长方形 50 cm × 40 cm。

（2）圆形碎花靠枕。圆形碎花靠枕是一种体形呈圆形的靠枕,经常摆放在阳台或庭院中的座椅上,这样搭配会让人立刻有了家的温馨感觉。圆形碎花靠枕制作简便,用碎花布包裹住圆形的枕芯后,调整好褶皱的分布即可（见图 5-76 和图 5-77）。其尺寸一般为直径 40 cm 左右。

图 5-74 方形靠枕（1）

图 5-75 方形靠枕（2）

图 5-76 圆形碎花靠枕（1）

图 5-77 圆形碎花靠枕（2）

（3）莲藕形靠枕。莲藕形靠枕是一种体形呈莲藕形状的圆柱形靠枕。它给人清新、高洁的感觉。清新的田园风格中搭配莲藕形靠枕同样也能让人感受到清爽宜人的效果，如图 5-78 和图5-79 所示。

图 5-78 莲藕形靠枕（1）

图 5-79 莲藕形靠枕（2）

（4）糖果形靠枕。糖果形靠枕是一种体形呈奶糖形状的圆柱形靠枕。糖果形靠枕的制作方法相当简单,只要将包裹好枕芯的布料两端做好捆绑即可。它简洁的造型和良好的寓意能体现出甜蜜的味道,让生活更加浪漫。糖果形靠枕的尺寸一般为长 40 cm,圆柱直径约为 20 ~ 25 cm,如图 5-80 和图 5-81 所示。

图 5-80　糖果形靠枕（1）　　　图 5-81　糖果形靠枕（2）

（5）特殊造型靠枕。主要包括幸运星形、花瓣形和心形等,其色彩艳丽,形体充满趣味性,让室内空间呈现出天真、梦幻的感觉。在儿童房空间应用较广。

4. 壁挂织物

壁挂织物是室内纯装饰性质的布艺制品,包括墙布、桌布、挂毯、布玩具、织物屏风和编结挂件等,它可以有效地调节室内气氛,增添室内情趣,提高整个室内空间环境的品位和格调(见图5-82)。

图 5-82　室内壁挂织物——墙布

（三）布艺的搭配原则与设计语言

1.体现文化品位和民族、地方特色

室内布艺搭配时还应注意体现民族和地方文化特色。如在一些茶馆的设计中,采用少数民族手工缝制的蓝印花布,营造出原始、自然、休闲的氛围;在一些特色餐馆的设计中,采用中国北方大花布,营造出单纯、野性的效果;在一些波希米亚风格的样板房设计中,采用特有的手工编织地毯和桌布,营造出独特的异域风情等。

2.风格相互协调为原则

室内布艺搭配时应注意布艺的格调要与室内的整体风格相协调。如欧式风格室内要配置欧式风格的布艺,田园风格的室内要配置田园风格的布艺。要尽量避免不同风格的布艺混杂搭配,造成室内杂乱、无序的效果。

3.充分突出布艺制品的质感

特有的柔软质感和丰富的色彩调节室内的温度、柔软度和装饰效果室内布艺搭配时应充分考虑布艺制品的样式、色彩和材质对室内装饰效果造成的影响,如利用布艺制品调节室内温度,在夏季炎热的季节选用蓝色、绿色等凉爽的冷色,使室内空间的温度降低;而在寒冷的冬季选用黄色、红色或橙色温暖的暖色,使室内空间的温度提高。再如,在 KTV、舞厅等娱乐空间设计中,可以利用色彩艳丽的布艺软包制品,达到炫目的视觉效果,还可以有效地调节音质。

第五节　室内绿化设计语言表达

一、室内绿化设计及其植物的点缀

室内绿化设计就是将自然界的植物、花卉、水体和山石等景物经过艺术加工和浓缩移入室内,达到美化环境、净化空气和陶冶情操的目的。室内绿化既有观赏价值,又有实用价值。在室内布置几株常绿植物,不仅可以增强室内的青春活力,还可以缓解和消除疲劳。室内花卉可以美化室内环境,清逸的花香使室内空气得到净化,陶冶人的性情。室内水体和山石可以净化室内空气,营造自然的生活气息,并使室内产生飘逸和灵动的美感。

室内植物种类繁多,有观叶植物、观花植物、观景植物、赏果植物、藤蔓植物和假植物等,主要有橡胶树、垂榕、蒲葵、苏铁、棕竹、棕榈、广玉兰、海棠、龟背竹、万年青、金边五彩、文竹、紫罗兰、白花吊竹草、水竹草、兰花、吊兰、水仙、仙人掌、仙人球、花叶常春蔓等(见图5-83)。假植物是用人工材料(如塑料、绢布等)制成的观赏植物,在环境条件不适合种植真植物时常用假植物代替。

绿色植物点缀室内空间应从以下几个方面出发:

(1)品种要适宜,要注意室内自然光照的强弱、多选耐阴的植物,如红铁树、叶椒草、龟背竹、万年青、文竹、巴西木等。

(2)配置要合理,注意植物的最佳视线与角度,如高度在1.8 ~ 2.3m为好。

(3)色彩要和谐,如书房要创造宁静感,应以绿色为主;客厅要体现主人的热情,则可以用色彩绚丽的花卉。

(4)位置要得当,宜少而精,不可太多太乱,到处开花。

图 5-83　室内植物设计

二、室内山石和水景的设计

　　山石是室内造景的常用元素,室内山石水景在空间中起到以小见大,拓展空间意向的作用,常和水相配合,浓缩自然景观于室内小天地中。室内山石形态万千,讲求雄、奇、刚、挺的意境。室内山石分为天然山石和人工山石两大类,天然山石有太湖石、房山石、英石、青石、鹅卵石、珊瑚石等;人工山石则是由钢筋水泥制成的假山石(见图 5-84)。

图 5-84　室内假山设计

　　水景作为室内设计空间要素之一,起到丰富空间的作用。水景有动静之分,静则宁静,动则欢快,可以通过静态水营造安静的空间语言环境,通过动态的水营造活泼动感的空间环境,也可以通过触感来丰富空间体验。水体与声、光相结合,能创造出更为丰富的室内效果(见图 5-85)。常用的形式有水池、喷泉和瀑布等。

图 5-85　室内水景设计

第六节　室内照明设计语言表达

一、室内照明设计的要素——灯饰

灯饰是指用于照明和室内装饰的灯具。从定义上可以看出室内灯饰的两大功能,即照明和室内装饰。照明是利用自然光和人工照明帮助人们满足空间的照明需求、创造良好的可见度和舒适愉快的空间环境。室内灯饰设计是指针对室内灯具进行的样式设计和搭配。室内灯具是分配和改变光源分布的器具,也是美化室内环境不可或缺的陈设品。

(一)特征及应用:室内灯饰的类别

1.吸顶灯

吸顶灯是一种通常安装在房间内部的天花板上,光线向上射,通过天花板的反射对室内进行间接照明的灯具。吸顶灯的

光源有普通白炽灯,荧光灯、高强度气体放电灯、卤钨灯等,如图5-86所示。❶

图 5-86　普通吸顶灯

吸顶灯主要用于卧室、过道、走廊、阳台、厕所等地方,适合作整体照明用。

吸顶灯灯罩一般有乳白玻璃和 PS（聚苯乙烯）板两种材质。吸顶灯的外形多种多样,有长方形、正方形、圆形、球形、圆柱形等,主要采用白炽灯、节能灯。其特点是比较大众化,而且经济实惠。吸顶灯安装简易,款式简单大方,能够赋予空间清朗明快的感觉(见图 5-87)。

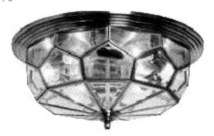

图 5-87　美式吸顶灯

另外,吸顶灯有带遥控和不带遥控两种,带遥控的吸顶灯开关方便,适用在卧室中使用。

---

❶ 随着装饰装修的不断升温，吸顶灯的变化也日新月异，不再局限于从前的单灯，而向着多样化发展，既吸取了吊灯的豪华与气派，又采用了吸顶式的安装方式，避免了较矮的房间不能装大型豪华灯饰的缺陷。

2. 吊灯

吊灯是最常采用的直接照明灯具,因其明亮、气派常装在客厅、接待室、餐厅、贵宾室等空间。吊灯一般都有乳白色的灯罩。灯罩有两种,一种是灯口向下的,灯光可以直接照射室内,光线明亮;另一种是灯口向上的,灯光投射到顶棚再反射到室内,光线柔和,如图5-88和图5-89所示。

图 5-88　黄色水晶吊灯　　　　图 5-89　白色水晶吊灯

吊灯可分为有单头吊灯(见图5-90)和多头吊灯(见图5-91)。在室内软装设计中,厨房和餐厅多选用单头吊灯,客厅多选用多头吊灯。

图 5-90　单头吊灯　　　　　图 5-91　多头吊灯

吊灯通常以花卉造型较为常见,颜色种类也较多。吊灯的安装高度应根据空间属性而有所不同,公共空间相对开阔,其最低点应离地面一般不应小于2.5m,居住空间不能少于2.2m。

吊灯的选用要领主要体现在以下几个方面：

（1）安装节能灯光源的吊灯，不仅可以节约用电，还可以有助于保护视力（节能灯的光线比较适合人的眼睛）。另外，尽量不要选用有电镀层的吊灯，因为电镀层时间久了容易掉色。

（2）由于吊灯的灯头较多，通常情况下，带分控开关的吊灯在不需要的时候，可以局部点亮，以节约能源与支出。

（3）一般住宅通常选用简洁式的吊灯；复式住宅则通常选用豪华吊灯，如水晶吊灯。

3. 射灯

射灯主要用于制造效果，营造气氛，它能根据室内照明的要求，灵活调整照射的角度和强度，突出室内的局部特征，因此多用于现代流派照明中（见图5-92）。

图 5-92 射灯

射灯的颜色有纯白、米色、黑色等多种。射灯外形有长形、圆形，规格、尺寸、大小不一。因为射灯造型玲珑小巧，非常具有装饰性。所以，一般多以组合形式置于装饰性较强的地方，从细节中体现主人的精致生活和情趣。

射灯光线柔和，既可对整体照明起主导作用，又可局部采光，烘托气氛。

4. 落地灯

落地灯是一种放置于地面上的灯具，其作用是用来满足房间局部照明和点缀装饰家庭环境的需求。落地灯一般布置在客厅和休息区域,与沙发、茶几配合使用。落地灯除了可以照明,还可以制造特殊的光影效果。一般情况下,灯泡瓦数不宜过大,这样的光线更便于创造出柔和的室内环境。

落地灯常用作局部照明,强调移动的便利,对于角落气氛的营造十分实用,如图5-93所示。

图 5-93　落地灯

落地灯通常分为上照式落地灯(见图 5-94)和直照式落地灯(见图 5-95)。

图 5-94　上照式落地灯　　图 5-95　直照式落地灯

5. 筒灯

筒灯是一种嵌入顶棚内、光线下射式的照明灯具,如图5-96所示。筒灯一般装设在卧室、客厅、卫生间的周边顶棚上。它的最大特点就是能保持建筑装饰的整体与统一,不会因为灯具的设置而破坏吊顶艺术的完美统一。

图 5-96　筒灯

6. 台灯

台灯是日常生活中用来照明的一种家用电器,多用于床头、写字台等处。台灯一般应用于卧室以及工作场所,以解决局部照明。绝大多数台灯都可以调节其亮度,以满足工作、阅读的需要。台灯的最大特点是移动便利。

台灯分为工艺用台灯(装饰性较强)和书写用台灯(重在实用)。在选择台灯的时候,要考虑选择台灯的目的是什么。

选择台灯主要看电子配件质量和制作工艺,一般小厂家生产的台灯电子配件质量较差,制作工艺水平也相对较低,所以应尽量选择知名厂家生产的台灯。一般情况下,客厅、卧室多用装饰台灯,如图 5-97 所示,而工作台、学习台则用节能护眼台灯(见图 5-98),但节能灯的缺点是不能调整光的亮度。

图 5-97　工艺用台灯　　　　图 5-98　复古书写台灯

7. 壁灯

壁灯是室内装饰常用的灯具之一，一般多配以浅色的玻璃灯罩，光线淡雅和谐，可把环境点缀得优雅、富丽、柔和，倍显温馨，尤其适于卧室，如图 5-99 所示。壁灯一般用作辅助性的照明及装饰，大多安装在床头、门厅、过道等处的墙壁或柱子上。

图 5-99　壁灯

壁灯的安装高度一般应略超过视平线 1.8m 高左右。卧室的壁灯距离地面可以近些，大约在 1.4 ~ 1.7m。壁灯的照度不宜过大，以增加感染力。

壁灯不是作为室内的主光源来使用的，其造型要根据整体风格来定，灯罩的色彩选择应根据墙色而定，如白色或奶黄色的墙，宜用浅绿、淡蓝的灯罩；湖绿和天蓝色的墙，宜用乳白色、淡黄色的灯罩。在大面积一色的底色墙布上点缀一只显目的壁灯，能给人幽雅清新之感。另外，要根据空间特点选择不同类型的壁灯。例如，小空间宜用单头壁灯；较大空间就用双头壁灯；大空间应该选厚一些的壁灯。

（二）室内灯饰的风格表达与比较

室内灯饰风格是指室内灯饰在造型、材质和色彩上呈现出来的独特的艺术特征和品格。室内灯饰的风格主要有以下几类：

1. 欧式

欧式风格的室内灯饰强调以华丽的装饰、浓烈的色彩和精美的造型达到雍容华贵的装饰效果。其常使用镀金、铜和铸铁等材料，显现出金碧辉煌的感觉。如图5-100所示。

图5-100 欧式风格的室内灯饰

2. 中式

中式风格的室内灯饰造型工整，色彩稳重，多以镂空雕刻的木材为主要材料，营造出室内温馨、柔和、庄重和典雅的氛围，如图5-101和图5-102所示。

图5-101 中式室内灯饰（1） 图5-102 中式室内灯饰（2）

3. 现代风格

现代风格的室内灯饰造型简约、时尚，材质一般采用具有金属质感的铝材、不锈钢或玻璃，色彩丰富，适合与现代简约型的室内装饰风格相搭配。如图 5-103 所示。

图 5-103　现代风格的室内灯饰

4. 田园风格

田园风格的室内灯饰倡导"回归自然"的理念,美学上推崇"自然美",力求表现出悠闲、舒畅、自然的田园生活情趣。在田园风格里,粗糙和破损是允许的,因为只有这样才更接近自然。田园风格的用料常采用陶、木、石、藤、竹等天然材料,这些材料粗犷的质感正好与田园风格不饰雕琢的追求相契合,显现出自然、简朴、雅致的效果。如图 5-104 所示。

图 5-104　田园风格的室内灯饰

(三)室内灯饰照明设计的原则

1. 主次之分

室内灯饰在设计时应注意主次关系的表达。因为室内灯饰是依托室内整体空间和室内家具而存在的,室内空间中各界面的处理效果,室内家具的大小、样式和色彩,都对室内灯饰的搭配产生影响。为体现室内灯饰的照射和反射效果,在室内界面和家具材料的选择上可以尽量选用一些具有抛光效果的材料,如抛光砖、大理石、玻璃和不锈钢等。

室内灯饰设计时还应充分考虑灯饰的大小、比例、造型样式、色彩和材质对室内空间效果造成的影响,如在方正的室内空间中可以选择圆形或曲线形的灯饰,使空间更具动感和活力;在较大的宴会空间,可以利用连排的、成组的吊灯,形成强烈的视觉冲击,增强空间的节奏感和韵律感。

2. 体现文化品位

室内灯饰在装饰时需要注意体现民族和地方文化特色。许多中式风格的空间常用中国传统的灯笼、灯罩和木制吊灯来体现中国特有的文化传承;一些泰式风格的度假酒店,也选用东南亚特制的竹编和藤编灯饰来装饰室内,给人以自然、休闲的感觉。

3. 风格相互协调

室内灯饰搭配时应注意灯饰的格调要与室内的整体环境相协调。例如,中式风格室内要配置中式风格的灯饰,欧式风格的室内要配置欧式风格的灯饰,切不可张冠李戴,混杂无序。图5-105所示为室内灯饰装饰效果图。

图 5-105　室内灯饰装饰效果图

二、不同空间的室内照明设计和语言表达

（一）商业空间的照明设计

商业空间在功能上是以盈利为目的的空间，充足的光线对商品的销售十分有利。在整体照明的基础上，要辅以局部重点照明，提升商品的注目性，营造优雅的商业环境。

在商业空间照明设计中，店面和橱窗给客人第一印象，其光线设计一定要醒目、特别，吸引人的注意。

商场的内部照明要与商品形象紧密结合，通过重点照明突出商品的造型、款式、色彩和美感，刺激客户的购买欲望。

图5-106、5-107为关永权的灯光设计作品。关永权是亚洲首位华人照明设计师，在国际上享有盛誉。关永权的设计理念，是用灯光把空间加强，通过灯光与材质的配合，借用光的照度以及折射、反射原理，用最少的灯光系统营造最丰富多彩的视觉效果。在对香港阿玛尼旗舰店进行灯光设计时运用可调角度的暗藏灯表现陈列架上的衣物，光线柔和并且可以清晰地展示货架上的每一件货品。楼梯间的设计用同样的手法，将灯安放在楼梯墙角，照射每一级台阶，营造出一个柔和温馨的购物环境。

图5-106　陈列架灯光
设计（1）

图5-107　楼梯间灯光
设计（2）

（二）办公空间的照明设计和语言表达

办公空间根据其功能需求,采光量要充足,应尽量选择靠窗和朝向好的空间,保证自然光的供应。为防止日光辐射和眩光,可用遮阳百叶窗来控制光量和角度。办公空间在人造光照明设计时较理性,光线分布应尽可能均匀,明暗差别不能过大。灯光设计需要满足不同的照明要求,所以灯光的选择、位置、投射角度等都应重点考虑。在光照不到的地方配合局部照明,如走廊、洗手间、内侧房间等。夜晚照明则以直接照明为主,较少点缀光源(见图5-108)。

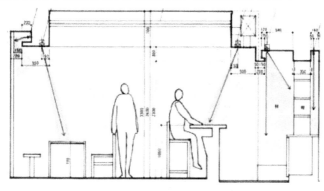

图 5-108 灯光设计角度

（三）娱乐休闲空间的照明设计和语言表达

娱乐休闲空间是人们在工作之余放松身心、交流情感的场所,在照明设计上以夜间照明为主,灯光效果十分丰富,一些特定的娱乐休闲空间还必须体现空间的主题,如一些酒吧设计中,以怀旧为主题,可以使用很多木、竹、石等自然材料配合黄色灯光;为体现对工业时代的怀念,可以使用烙铁、槽钢、管道等工业时代的产品配合浅咖啡色和黄色灯光。酒吧的照明设计以局部照明、间接照明为主,在灯具的选择上尽量以高照度的射灯、暗藏灯管来进行照明,在光色的选择上还必须与空间的主题相呼应。

舞厅可分为迪斯科(劲舞)厅和交谊舞(慢舞)厅两类。舞池的灯光最能使人感觉到光和色彩的迷人魅力,特别是配合着音乐歌声、旋律和节奏变幻的灯光更使人迷离和陶醉。

舞厅的照明设计对光线的要求较高,在灯光的设计上,首先要有定向的灯光,达到追身的效果,定向灯光常使用聚光灯,可在聚光灯上安置色片,丰富其色彩。其次,为营造出舞厅光怪陆离、灯光璀璨的气氛,在舞池区域应配备彩色聚光灯、水晶环绕灯、激光束灯、暗藏背景灯等多种灯具,以达到舞厅的功能需求。

休闲娱乐空间,灯光的设计主要考虑整体环境气氛的营造,应给人以轻松自如、温馨浪漫的感觉,故间接照明、暗藏光使用较多(见图5-109)。

图5-109　休闲娱乐空间

(四)居住空间的照明设计

家居空间照明设计应根据不同设计风格和不同的空间功能需求来进行设计(见图5-110)。客厅和餐厅是家居空间内的公共活动区域,因此要足够明亮,采光主要通过吊灯和吊顶的筒灯,为营造舒适、柔和的视听和就餐环境,还可以配置落地灯和壁灯,或设置暗藏光,使光线的层次更加丰富。

图 5-110　居住空间灯光设计

卧室空间是休息的场所,照明以间接照明为主,避免光线直射,可在顶部设置吸顶灯,并配合暗藏灯、落地灯、台灯和壁灯,营造出宁静、平和的空间氛围。如图 5-111 所示。

图 5-111 卧室空间灯光设计

书房是学习、工作和阅读的场所,光线要明亮,可使用白炽灯管为主要照明器具。此外,为使学习和工作时能集中精神,台灯是书桌上的首选灯具。卫生间的照明设计应以明亮、柔和为主,灯具应注意防湿和防锈。

第六章　室内设计语言的艺术表达与实施

用什么样的室内设计语言来表达室内空间无疑是由设计师来决定的,室内设计语言是在一定的经济条件下打造适用、美观的室内空间的手段及表现方式。就室内空间本身而言,设计时主要依据的是空间需要达成的功能、技术、美学的目标以及技法,而这就形成了室内设计的语言。

第一节　室内设计语言的执行者

作为室内设计语言的执行者,室内设计师,我们需要探讨的是其职责和技能要求。

一、室内设计师的职责分析

国际室内设计协会对室内设计师的职责作出了以下规定:"专业的室内设计师必须经过教育、实践和考试合格后获得正式资格,其工作职责是提高室内空间的功能和居住质量。"今天的室内设计服务内容应包括与室内相连接的室外环境设施设计及室内选配灯具、家具、绿化、艺术品等陈设内容。在商业环境设计中还应包括店面设计及标志、标牌字体等 VI 设计(视觉形象设计),以及对经营行为发展预见等内容。

可见,室内设计师的职责是多方面的。在今天市场经济的社会环境下,综合服务已成为室内设计师的专业范畴和社会职责。为了达到这些要求,设计师一方面必须随机应变,富于创造,具有艺术才能,另一方面必须高效工作,具备良好的商业技巧。

二、室内设计师的技能要求

室内设计师是指具备一定的美术基础,通晓室内设计相关的专业知识,掌握设计的技能,并取得相应的职业资格,专门从事室内设计的专业设计人员。

（一）艺术与设计知识技能

1. 造型基础技能

造型基础技能包括手工造型（含设计素描、色彩、速写、构成、制图和材料成型等）、摄影摄像造型和电脑造型。

设计速写具有形象、快捷、方便等特点,它既可以对室内空间的形态予以快速的记录,又可以在记录的过程中对现有构思进行分析而产生新的构思。通过设计素描练习,可以加深对室内构造方式的认识。

制图技术包括工程制图与效果图的绘制。工程制图对于涉及三维的设计专业,如工业设计、建筑设计、展示设计等,都是必须掌握的一种技能。视图的表现形式可以将设计准确无误、全面充分地呈现出来,把信息传递给制造者或生产者。设计效果图形象逼真、一目了然,可以将设计对象的形态、色彩、肌理及质感的效果充分展现,使人有如见实物之感,是顾客调查、管理层决策参考的最有效手段之一。

摄影和摄像也是设计师所应该具备的技能。一种是资料性的摄影摄像,可以为设计创作搜集大量图像资料,也可以记录作品供保存或交流之用。另一种是广告摄影摄像,这种摄影摄像本身就是一种设计,通过有效的摄影表现可以弥补其他表现形式的不足,也可以与其他的表现形式相互补充,充分利用现代媒体技术,以生动的、直观的视听形式,达到准确传递设计意图及有效展示和宣传的力度。

模型制作能力,模型制作属于产品前期的一种模拟造型形式,是材料成型能力培养进行完整表达的一种有效方式。

2.专业设计技能

作为一名室内设计师,首先应熟练掌握手绘的表现技法,其次还有相关的计算机软件的应用。当下计算机的辅助设计是每一个室内设计师必修的课程,它能客观地反映室内空间的尺寸、比例与结构。除此之外还包括模型制作,因为对于一些复杂的室内设计,仅靠图纸是不行的,还要制作相应的模型,以便于设计的进一步推敲以及同客户的沟通交流。

3.设计理论知识

室内设计师需要综合考虑包括使用功能、技术和生产工艺、成本、消费市场等多方面的因素,需要了解一些新兴学科,如人体工程学、环境物理学、材料学等学科的相关理论知识。除此之外,设计师还应掌握的艺术与设计理论知识,主要有艺术史论、设计史论和设计方法论等,还要关注当代艺术设计的现状与发展趋势,这样才能开阔视野,扩展专业发展的道路。

(二)创新技能

在科技以人为本成为时尚、艺术与科学相互交融成为世界性潮流的今天,设计师的创新既需要具备科学中求实、怀疑与批判的精神,还需要自主、独立品格、好奇心、想象力,以及知觉、感悟、灵感等形象思维,但创新设计远不在于外观,而在于引导市场消费,提升人们的生活品质。

所谓设计,就是要通过有效的工作改变设计对象本身,因此设计师需要具备一定的创造力。很多学者都对人的创造能力进行过研究,有些学者就提出了创造是一个连续不可分割的完整过程,是发现问题、解决问题的活动。通过比较发现,设计师所进行的设计过程与人的创造过程是何等的相似。其中最大的差异是进行设计和创造的手段是截然不同的。设计的思维是全脑型的，使用的是视觉化的语言进行表达，设计的决定不仅表现在技术上，而且还表现在艺术上，可见设计决定的内涵更广。

（三）团队合作技能

为了维持良好的合作关系，设计师应该遵循下列原则：

（1）平等原则。平等待人是建立良好人际关系的前提，没有平等的观念就不能与他人建立密切的人际关系。虽然我们在一个团队中担当的角色不同、责任不同、地位不同，但在人格上是平等的，平等的交往才能体现真诚，才能深交，这是我们最重要的交往原则。当然，我们这里所指的设计师之间的交往关系是一个相对的关系，每个项目都有主持人，或者每个工程环节的负责人，在项目负责制这个社会背景下，设计人员应该尊重主持人的意见，但应该在集体中本着一致的利益而畅所欲言，所以平等的概念就变得很现实，负责项目的人对团队的合作负有更多的责任。

（2）信用原则。对设计师来说，在团队合作中诚信很重要，缺少了这种诚信，在团队之中就会以个人利益为出发点去考虑彼此之间的合作。随着社会与经济的发展，设计师的信誉在工程项目中有着非常重要的作用，许多企业往往会和信用价值高的团队合作，而不会和屡次失信的团体交往。

（3）互利原则，在设计师的交往中，互利的原则是很重要的，它是一种激励机制，有互利才会互动，这个互利包括三个方面。首先是物质互利，每个设计师在自己的责任范围内去完成工作就应该获得相应的经济利益和荣誉。其次是精神互利，也就是说，彼此在合作中能够在心理和情感上得到互补，合作成功就应该共同享有荣誉，所以我们认为互利是很重要的。最后是各自在不同的利益上得到平衡，你得物质我得荣誉。

（4）相容原则。所谓相容，简单地说，就是心胸宽广，忍耐性强,相容的品质是设计师修养的体现。在整个社会发展中,在专业市场竞争激烈的今天,在团队合作中要建立良好的合作关系,相容的原则是不可缺少的。许多世界上著名的设计大师都具有极强的相容性,具有一种宽容别人的态度,能对别人的意见充分倾听,对别人谦让,所以相容的能力往往是自信心很高的人,有能量的人,有修养的人。当然相容不是随波逐流,不是人云亦云,心中无主见。

总之,要成为一个室内设计师并不容易,而要成为一位成功的室内设计师就更加困难了。系统的专业教育不仅是为了培养合格的从业人员,更重要的是培养专业学习者具备较高的综合艺术素养和发展潜能,增强帮助业主发现问题、分析问题、解决问题的能力,并能探索和引领新的有益的生活方式。

第二节　室内设计语言的艺术表达

室内设计语言的艺术主要是室内空间设计的艺术。室内空间设计是对建筑内部空间进行合理规划和再创造的设计。室内空间是相对于室外空间而言的,是人类劳动的产物,是人类在漫长的劳动改造中不断完善和创造的建筑内部环境形式。室内设计语言的表达就是对室内空间的完善和再创造。对于室内空间的审美,不同的人有着不同的要求,室内设计师要根据不同的群体合理地变化,在满足业主的要求的基础上,积极引导业主提高对空间美感的理解,努力创造尽善尽美的室内空间形式。

一、室内空间与界面设计

空间的组织、调整和再创造是指根据不同室内空间的功能需求对室内空间进行的区域划分、重组和结构调整。室内设计的任务就是对室内空间的完善和再创造。

空间的界面是指围合空间的地面、墙面和顶面,其设计主要是根据一定的使用功能和美学要求来进行艺术化的处理,如图6-1所示。

图 6-1　室内墙面的设计

二、室内空间与建筑结构设计

对室内进行空间设计之前应先了解建筑结构,根据具体结构情况作适当的空间规划与调整。建筑结构是室内设计专业不可缺少的知识内容,了解建筑结构的基本理论对我们更好地从事室内设计、布置分隔室内空间有一定的理论指导。

（一）砖混结构

砖混结构主要由承重砖墙和钢筋混凝土构件组成,其施工便捷,工程造价低廉,一般用于多层建筑。由于砖混结构建筑的内部承重隔墙的数量较多,不能自由灵活地分隔空间,所以对室内设计来说局限很大(见图6-2)。砖混结构的住宅墙体承重不可拆改。

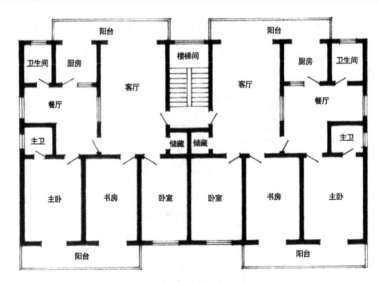

图 6-2　砖混结构住宅平面图

（二）框架结构

框架结构是由梁和柱子共同组合而成的一种结构。它能使建筑获得较大的室内空间，从而平面布置比较灵活，由于结构把承重结构和围护结构完全分开，这样无论内墙或外墙，除自重外均不承担任何结构传递给它的荷重，这就会给空间的组合、分隔带来极大的灵活性。此种结构多用于大开间的公共建筑（见图6-3）。框架结构的中间隔墙可以拆改。

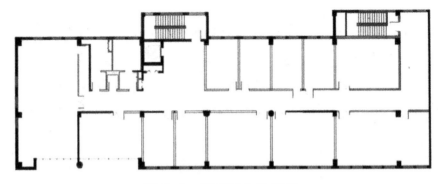

图 6-3　框架结构的平面

（三）剪力墙结构

剪力墙结构常用于高层建筑,它全部由剪力墙承重,不设框架,这种体系实质上是将传统的砖石结构搬到钢筋混凝土结构上来。在建筑平面布置中,有部分的钢筋混凝土剪力墙和部分的轻质隔墙,以便有足够的刚度来抵抗水平荷载(见图6-4）。剪力墙结构的住宅,其厚墙为承重墙不可拆改,主卧室与卧室之间的薄墙可以拆改。

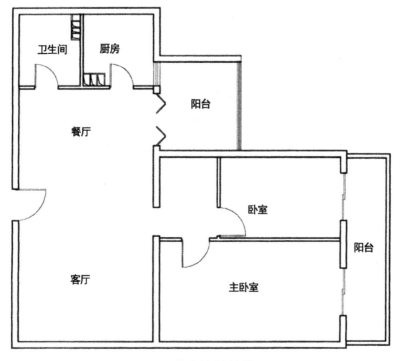

图6-4 剪力墙结构的平面

三、室内空间的类型与造型要素

（一）室内空间的类型划分

室内空间的类型是根据建筑空间的内在和外在特征来进行

区分的,具体来讲,可以划分为以下几个类型。

1. 开敞空间与封闭空间

开敞式空间与外部空间有着或多或少的联系,其私密性较小,强调与周围环境的交流互动与渗透,还常利用借景与对景,与大自然或周围的空间融合。如图 6-5 所示的落地的透明玻璃窗让室外景致一览无余。

图 6-5　开敞空间

相同面积的开敞空间与封闭空间相比,开敞空间的面积似乎更大。开敞空间呈现出开朗、活跃的空间性格特征,所以在处理空间时要合理地处理好围透关系,根据建筑的状况处理好空间的开敞形式。

封闭空间是一种建筑内部与外部联系较少的空间类型,它是内向型的,具有领域感和安全感,如图 6-6 所示。

图 6-6　封闭空间

2.静态空间与动态空间

静态空间的封闭性较好,限定程度比较强且具有一定的私密性,如卧室、客房、书房、图书馆、会议室和教室等。在这些环境中,人们要休息、学习、思考,因此室内必须保持安静。室内一般色彩清新淡雅,装饰规整,灯光柔和。

静态空间一般为封闭型,限定性、私密性强,为了寻求静态的平衡,多采用对称设计(四面对称或左右对称)。在设计手法上常运用柔和舒缓的线条进行设计,陈设不会运用超常的尺度,也不会制造强烈的对比,色泽、光线和谐。

图6-7　静态空间

动态空间是现代建筑的一种独特的形式。它是设计师在室内环境的规划中,利用"动态元素"使空间富于运动感,令人产生无限的遐想,具有很强的艺术感染力。这些手段(水体、植物、观光梯等)的运用可以很好地引导人们的视线和举止,有效地展示了室内景物,并暗示人们的活动路线。动态空间可以应用于客厅,但更多地会出现在公共的室内空间,如娱乐空间的舞台、商业空间的展示区域、酒店的绿化设计等,如图6-8所示。

图 6-8　动态空间

3. 结构空间与交错空间

结构空间是一种通过对建筑构件进行暴露来表现结构美感的空间类型,其主要特点是现代感、科技感较强,整体空间效果较质朴,如图 6-9 所示。

图 6-9　结构空间

交错空间是一种具有流动效果,相互渗透,穿插交错的空间类型,其主要特点是空间层次变化较大,节奏感和韵律感较强,有活力,有趣味,如图 6-10 所示。

图 6-10　交错空间

4. 凹入空间与外凸空间

凹入空间是指将室内界面局部凹入,形成界面进深层次的一种空间类型,其主要特点是私密性和领域感较强,有一定的围护效果,可以极大地丰富墙面装饰效果,如凹入式壁龛和室内天花的凹入,如图 6-11 所示。

图 6-11　凹入空间

外凸空间是指将室内界面的局部凸出。如常见的飘窗,它使室内与室外景观更好地融合在一起,采光也更加充足,如图 6-12所示。

图 6-12　外凸空间

5.虚拟空间与共享空间

虚拟空间又称虚空间或心理空间。它处在大空间之中,没有明确的实体边界,依赖形体的启示,如家具、地毯、陈设等,唤起人们的联想,是心理层面感知的空间。虚拟空间同样具有相对的领域感和独立性。

对虚拟空间的理解可以从两方面入手:一种是以物体营造的实际虚拟空间;另一种是指以照明、景观等设计手段创造的虚拟空间,它是人们心理作用下的空间。虚拟空间多采用列柱隔断,水体分隔,家具、陈设和绿化隔断以及色彩、材质分隔等形式对空间进行界定和再划分,如图 6-13 所示。

图 6-13　虚拟空间

共享空间是指将多种空间体系融合在一起,形成一种层次分明、丰富多彩的空间环境,如图 6-14 所示。共享空间一般处在建筑的主入口处,常将水平和垂直交通连接为一体,强调了空间的流通、渗透、交融,使室内环境室外化,室外环境室内化。

图 6-14　共享空间

6. 下沉式空间与地台空间

下沉式空间领域感、层次感和围护感较强。它是将室内地面局部下沉,在统一的空间内产生一个界限明确,富有层次变化的独立空间,如图 6-15 所示。

图 6-15　下沉式空间

地台空间将室内地面局部抬高,使其与周围空间相比变得醒目与突出,其方位感较强,有升腾、崇高的感觉,层次丰富,中心突出,主次分明,如图 6-16 所示。

图 6-16　地台空间

（二）室内空间的造型要素

在室内空间设计中,空间的效果由各种要素组成,这些要素包括色彩、照明、造型、图案和材质等。造型是其中最重要的一个环节,造型由点、线、面三个基本要素构成。

1. 点

点在空间设计中有非常突出的作用,单独的点具有强烈的聚焦作用,可以成为室内的中心;对称排列的点给人以均衡感;连续的、重复的点给人以节奏感和韵律感;不规则排列的点,给人以方向感和方位感(见图 6-17、图 6-18)。

图 6-17　墙上的装饰可以看作是一个单独的点

图 6-18 地板上连续的点

2. 线

线是点移动的轨迹,点连接形成线。在室内空间环境中,凡长度方向较宽度方向大得多的构件都可以被视为线,如室内的梁、柱、管道等。

直线刚直挺拔,力度感较强,分为水平线、垂直线和斜线。水平线可以使空间更加开阔,在层高偏高的空间中通过水平线可以造成空间降低的感觉(见图 6-19);垂直线能使空间的伸展感增强,在低矮的空间中使用垂直线,可以造成空间增高的感觉(见图6-20);斜线使空间产生速度感和上升感。

图 6-19 室内空间中水平的线

图 6-20　室内空间中垂直的线

　　曲线表现出一种由侧向力引起的弯曲运动感，显得柔软丰满、轻松幽雅，分为几何曲线和自由曲线。几何曲线具有均衡、秩序和规整的特点。自由曲线是一种不规则的曲线，它富于变化和动感，具有自由、随意和优美的特点。在室内空间设计中，经常运用曲线来体现轻松、自由的空间效果，如图 6-21、图 6-22 所示。

图 6-21　室内空间中的几何曲线

图 6-22　室内空间中的自由曲线

3.面

线的并列形成面,面可以看成是由一条线移动展开而成的,直线展开形成平面,曲线展开形成曲面。面可以分为规则的面和不规则的面,规则的面包括对称的面、重复的面和渐变的面等,具有和谐、规整和秩序的特点;不规则的面包括对比的面、自由性的面和偶然性的面等,具有变化、生动和趣味的特点。室内空间中的面主要有以下几种:

(1)表现结构的面

运用结构外露的处理手法形成的面。这种面具有较强的现代感和粗犷的美感,结构本身还体现了一种力量,形成连续的节奏感和韵律感,如图6-23所示。

图6-23　表现结构的面

(2)表现层次变化的面

运用凹凸变化、深浅变化和色彩变化等处理手法形成的面。这种面具有丰富的层次感和体积感,如图6-24至图6-26所示。

图6-24　凹凸变化的面　　图6-25　深浅变化的面

图 6-26　色彩变化的面

（3）表现动感的面

使用动态造型元素设计而成的面,如旋转而上的楼梯、波浪形的天花造型和自由的曲面效果等。动感的面具有灵动、优美的特点,表现出活力四射、生机勃勃的感觉,如图 6-27 和图 6-28 所示。

图 6-27　表现动感的面（1）　图 6-28　表现动感的面（2）

（4）表现质感的面

通过表现材料肌理质感变化而形成的面。这种面具有粗犷、自然的美感,如图 6-29 和图 6-30 所示。

图 6-29　表现质感的面（1）　图 6-30　表现质感的面（2）

（5）主题性的面

为表达某种主题而设计的面，如在博物馆、纪念馆、主题餐厅和公司入口等场所经常出现的主题墙，如图 6-31 和图 6-32所示。

图 6-31　主题性的面（1）　图 6-32　主题性的面（2）

（6）倾斜的面

运用倾斜的处理手法来设计的面。这种面给人以新颖、奇特的感觉，如图 6-33 和图 6-34 所示。

图 6-33　倾斜的面（1）　　图 6-34　倾斜的面（2）

（7）仿生的面

模仿自然界动、植物形态设计而成的面。这种面给人以自然、朴素和纯净的感觉，如图 6-35 和图 6-36 所示。

图 6-35　仿生的面（1）　　　图 6-36　仿生的面（2）

（8）表现光影的面

运用光影变化效果来设计的面。这种面给人以虚幻、灵动的感觉，如图 6-37 和图 6-38 所示。

（9）同构的面

同构即同一种形象经过夸张、变形，应用于另一种场合的设计手法。同构的面给人以新奇、戏谑的效果，如图 6-39 和图 6-40 所示。

图 6-37　表现光影的面（1）

图 6-38　表现光影的面（2）

图 6-39　同构的面（1）

图 6-40　同构的面（2）

（10）渗透的面

运用半通透的处理手法形成的面。这种面给人以顺畅、延续的感觉，如图 6-41 和图 6-42 所示。

图 6-41　渗透的面（1）　　　图 6-42　渗透的面（2）

（11）趣味性的面

利用带有娱乐性和趣味性的图案设计而成的面。这种面给人以轻松、愉快的感觉，如图 6-43 和图 6-44 所示。

图 6-43　趣味性的面（1）　图 6-44　趣味性的面（2）

（12）特异的面

通过解构、重组和翻转等处理手法设计而成的面。这种面给人以迷幻、奇特的感觉，如图 6-45 和图 6-46 所示。

（13）视错觉的面

利用材料的反射性和折射性制造出视错觉和幻觉的面。这种面给人以新奇、梦幻的感觉，如图 6-47 和图 6-48 所示。

图 6-45 特异的面（1）图 6-46 特异的面（2）

图 6-47 视错觉的面（1）图 6-48 视错觉的面（2）

（14）表现重点的面

表现重点的面是指在空间中占主导地位的面。这种面给人以集中、突出的感觉，如图 6-49 和图 6-50 所示。

图 6-49 表现重点的面（1）图 6-50 表现重点的面（2）

（15）表现节奏和韵律的面

利用有规律的、连续变化的形式设计的面。这种面给人以活泼、愉悦的感觉,如图 6-51 和图 6-52 所示。

图 6-51　表现节奏和韵律的面（1）

图 6-52　表现节奏和韵律的面（2）

四、形式与手段：室内空间的分割

室内空间的分割是在建筑空间限定的内部区域进行的,它要在有限的空间中寻求自由与变化,在被动中求主动。它是对建筑空间的再创造。

（一）室内空间的分割形式表达

空间的分割主要有完全分割、局部分割和弹性分割三种形式。

1. 完全分割

完全分割是使用实体墙来分割空间的形式,这种分割方式可以对声音、光线和温度进行全方位的控制,私密性较好,独立性强,多用于卧室、浴室和KTV包房等私密性要求较高的空间,如图6-53所示。

图6-53 完全分割的浴室

2. 局部分割

局部分割是指使用非实体性的手段来分割空间的形式,如家具、屏风、绿化、灯具、材质和隔断等。局部分割可以把大空间划分成若干小空间,使空间更加通透、连贯,如图6-54所示。

图6-54 局部分割

3. 弹性分割

弹性分割是指用珠帘、帷幔或特制的连接帘等来分割空间的形式,这种分割方式方便灵活,装饰性较强,如图 6-55 所示。

图 6-55　弹性分割

(二)室内空间的分割手段

一般情况下,对室内空间的分隔可以利用隔墙与隔断、建筑构件和装饰构件、家具与陈设、水体、绿化等多种要素,按不同形式进行分隔。

1. 室内隔断的分隔

室内空间常以木、砖、轻钢龙骨、石膏板、铝合金、玻璃等材料进行分隔。形式有各种造型的隔断、推拉门和折叠门以及各式屏风等,如图 6-56 所示的木质隔断。

图 6-56　木质隔断

一般来说,隔断具有以下特点：

（1）隔断有着极为灵活的特点。设计师可以按需要设计隔断的开放程度,使空间既可以相对封闭,又可以相对通透。隔断的材料与构造决定了空间的封闭与开敞。

（2）隔断因其较好的灵活性,可以随意开启,在展示空间中的隔断还可以全部移走,因此十分适合当下工业化的生产与组装。

（3）隔断有着丰富的形态与风格。这需要设计师对空间的整体把握,使隔断与室内风格相协调。例如,新中式风格的室内设计就可以利用带有中式元素的屏风分隔室内不同的功能区域。

（4）在对空间进行分隔时,对于需要安静和私密性较高的空间可以使用隔墙来分隔。

（5）住宅的入口常以隔断(玄关)的形式将入口与起居室有效地分开,使室内的人不会受到打扰。它起到遮挡视线、过渡的作用。

2. 室内构件的分隔

室内构件包括建筑构件与装饰构件。例如,建筑中的列柱、楼梯、扶手属于建筑构件；屏风、博古架、展架属于装饰构件。构件分隔既可以用于垂直立面上,又可以用于水平的平面上。图6-57 为室内构件划分的空间。

图6-57 室内构件分隔出的居室通道

一般来说,构件的形式与特点有如下几个方面:

(1)对于水平空间过大、超出结构允许的空间,就需要一定数量的列柱。这样不仅满足了空间的需要,还丰富了空间的变化,排柱或柱廊还增加了室内的序列感。相反,宽度小的空间若有列柱,则需要进行弱化。在设计时可以与家具、装饰物巧妙地组合,或借用列柱做成展示序列。

(2)对于室内过分高大的空间,可以利用吊顶、下垂式灯具进行有效的处理,这样既避免了空间的过分空旷,又让空间惬意、舒适。

(3)对于以钢结构和木结构为主的旋转楼梯、开放式楼梯,本身既有实用功能,同时对空间的组织和分割也起到了特殊作用。

(4)环形围廊和出挑的平台可以按照室内尺度与风格进行设计(包括形状、大小等),它不但能让空间布局、比例、功能更加合理,而且围廊与挑台所形成的层次感与光影效果,也为空间的视觉效果带来意想不到的审美感受。

(5)各种造型的构架、花架、多宝格等装饰构件都可以用来按需要分隔空间。

3. 家具与陈设的分隔

家具与陈设是室内空间中的重要元素,它们除了具有使用功能与精神功能之外,还可以组织与分隔空间。这种分隔方法是利用空间中餐桌椅、小柜、沙发、茶几等可以移动的家具,将室内空间划分成几个小型功能区域,如商业空间的休息区、住宅的娱乐视听区。这些可以移动的家具的摆放与组织还有效地暗示出入流的走向。

此外,室内家电、钢琴、艺术品等大型陈设品也对空间起到调整和分隔作用。家具与陈设的分隔让空间既有分隔,又相互联系。其形式与特点有如下几个方面:

(1)住宅中起居室的主要家具是沙发,它为空间围合出家庭的交流区和视听区。沙发与茶几的摆放也确定了室内的行走路线,如图 6-58 所示的由家具划分的空间。

图 6-58　家具分隔

（2）公共的室内空间与住宅的室内空间都不应将储物柜、衣柜等储藏类家具放置在主要交通流线上,否则会造成行走与存取的不便。

（3）餐厨家具的摆放要充分考虑人们在备餐、烹调、洗涤时的动线,做到合理的布局与划分,缩短人们在活动中的行走路线。

（4）公共办公空间的家具布置要根据空间不同区域的功能进行安排。例如,接待区要远离工作区;来宾的等候区要放在办公空间的入口,以免使工作人员受到声音的干扰。内部办公家具的布局要依据空间的形状进行安排设计,做到动静分开、主次分明。合理的空间布局会大大提高工作人员的工作效率。

4. 绿化与水体的分隔

室内空间的绿化、水体的设计也可以有效地分隔空间。具体来说,其形式与特点有如下几个方面:

（1）植物可以营造清新、自然的新空间。设计师可以利用围合、垂直、水平的绿化组织创造室内空间。垂直绿化可以调整界面尺度与比例关系;水平绿化可以分隔区域、引导流线;围合的植物创造了活泼的空间气氛(见图 6-59)。

图 6-59　垂直绿化的空间氛围

（2）水体不仅能改变小环境的气候，还可以划分不同功能空间。瀑布的设计使垂直界面分成不同区域；水平的水体有效地扩大了空间范围。

（3）空间之中的悬挂艺术品、陶瓷、大型座钟等物品不但可以划分空间，还可以成为空间的视觉中心。

5. 顶棚的划分

在空间的划分过程中，顶棚的高低设计也影响了室内的感受。设计师应依据空间设计高度变化，或低矮或高深，其形式与特点有如下几个方面：

（1）顶棚照明的有序排列所形成的方向感或形成的中心，会与室内的平面布局或人流走向形成对应关系，这种灯具的布置方法经常被用到会议室或剧场。

（2）局部顶棚的下降可以增强这一区域的独立性和私密性。酒吧的雅座或西餐厅餐桌上经常用到这种设计手法。

（3）独具特色的局部顶棚形态、材料、色彩以及光线的变幻能够创造出新奇的虚拟空间。如图 6-60 所示的顶棚的图案就凸显出这一空间的功能。

图 6-60　顶棚划分的阳光房

（4）为了划分或分隔空间,可以利用顶棚上垂下的幕帘来进行划分。例如,住宅中或餐饮空间常用布帘、纱帘、珠帘等分隔空间。

6.地面的划分

利用地面的抬升或下沉划分空间,可以明确界定空间的各种功能分区。除此之外,用图案或色彩划分地面,被称为虚拟空间。其形式与特点有如下几个方面:

（1）区分地面的色彩与材质可以起到很好的划分作用。如图6-61所示,石材与木质地面将空间明确地分成阅读区和会客区。

（2）发光地面可以用在物体的表演区。

（3）在地面上利用水体、石子等特殊材质可以划分出独特的功能区。

（4）凹凸变化的地面可以用来引导残疾人的顺利通行。

图 6-61　地面划分

第三节 室内设计语言的实施依据

一、功能需要

室内设计需要满足建筑预先设定的功能目标。不同的建筑有不同的功能目的,随着社会的发展,建筑的所有者和使用者也会提出越来越复杂的功能需求。设计对功能的设定应当是满足所有主要功能需求,此外争取满足部分次要功能需求,这样可以增加设计和空间的价值。要做到这一点,设计师需要提前分析空间的主要功能,做到完整不遗漏,同时在可能的次要功能分析上找出最能够增加建筑价值感的品种。功能的依据十分重要,不过建筑功能的复杂度还是具有相当的可变通性,主要功能当中也还有核心的和相对次要之分,设计师对此要有清晰的判断。

图 6-62 在住宅主要空间之外组织了富有意味的次要小空间,不仅使空间关系变得更具趣味性,而且增加了建筑的价值感和使用者的占有感。

图 6-62 路易斯·康设计的住宅

图 6-63 阅读空间设计得很有新意,符合多媒体主体的建筑性格,主要功能外增加了休息、查找信息等其他功能。

图 6-63　伊东丰雄设计的日本森代多媒体中心

二、技术条件

在技术的运用上，室内设计语言受到当下技术的支持，同时也受到制约，设计师必须在设计前了解可能需要运用的技术，这包括材料技术、加工技术和使用技术等。室内界面和组成构件都是技术的产物，对形式的创意想象可以是无限的，但是实现它们却是物质的、有限的。所有设计师都会发现设计的这种物质特征，并依据这种物质限制来尽可能地实现设计的功能和审美目标。

在现代技术快速发展的条件下，设计师也可以发掘、利用新兴的技术，创造建筑的特殊地位和象征性。譬如，现代办公楼运用的"智能化"技术，能够大大提升建筑的价值感。这说明在有足够经济力量支持时，室内设计可以最大化地发挥技术的功效和价值内涵。

如图 6-64 所示，建筑运用了先进的建造技术和设备、材料，使空间简约、实用、美观。地面的出风口使建筑的空调效能更高，夏天冷气保持在空间下部，冬天暖气则回旋在整个空间。

图 6-64　伊东丰雄设计的日本森代多媒体中心

图 6-65 为高技派建筑充分发挥现代建筑技术的先进性，空间不仅具有强烈的未来感，在实用功能方面也具有很高的水平。

图 6-65　诺曼·福斯特设计的香港汇丰银行总部大楼

三、审美目的

所有室内设计都有达成审美体验的目的，根据建筑的功能和技术条件，设计师总是尽一切可能扩大设计对象在审美体验上的感受力。创造"美"作为室内设计语言重要的目的,可以根据建筑的特性、使用者的观念和使用的功能来创建。譬如,纪念性的建筑,设计的依据就是创造纪念性审美体验的目的,大多会取对称、严谨的形式语言;而商业性空间则往往追求新奇特异的审美体验,达到吸引招揽顾客的目的。

图 6-66 带有柯布西埃现代主义建筑风格的室内精致明亮,符合大型公共建筑的审美特性。

图 6-66　奥地利维也纳维娜伯格大厦

图 6-67 个性化的形态和色彩语言赋予空间对创造感的想象。

图 6-67　德国马格德堡实验工厂

第四节　室内设计语言的表现技法

在室内设计中,由于图形最具有直观性,因此常被设计者们用来表达自己的思想与主题。室内设计中每一阶段的图形表达,在具体的实施过程中并没有严格的控制。为了设计思维的需要,不同图解语言的融会穿插是室内设计图形表达经常采用的一种方式。一般来说,平面功能布局和空间形象构思草图是概念设计阶段图形表达的主体;透视图和立面图是方案设计阶段图形表达的主体;剖面图和细部节点详图则是施工图设计阶段图形表达的主体。

一、平面图

平面图是一种俯视"地图",从中可粗略地看到一个特定空间的全貌。从上空看,一张桌子或者小地毯可能只有一个简单的长方形大小,而一个凳子可能看起来像茶托。从高空看,墙壁的厚度和门窗之间的距离也能清晰地在图中展现。(见图6-68)只要把这个空间观念谨记心中,何为楼层平面图将不难理解。

设计师画平面图时,通常会选择一个合适的比例尺,以便纸张的面积不会太大,方便携带和操作。设计师最常用的平面图比例尺是1:20或者1:50(也就是说,房间的实际尺寸是平面图尺寸的20或50倍)。然而,单一纸张中的绘图数量、决定使用的纸张大小和平面图中需要涵盖的绘图细节的数量无不影响着比例尺的选择。

另外,在向客户作设计展示报告时,如果设计师拿出的平面图在添加说明内容之后显得过于拥挤,也会导致客户认为设计师不够专业,所以,如何在纸张上绘制和安排好平面图的内容从某种程度上讲还受到空间实际形状的影响。

　　手绘平面图的绘制应平行移动作画护条,把草图画纸固定到画板上。决定好比例尺之后,设计师可以用一支技术铅笔开始平面图的绘制。先沿着平行移动线画出各水平线,然后把三角板按到平行移动线上,保持好90°角,沿着三角板的边沿画出垂直线。画好一条直线时,测量出所需线段的长度,并用铅笔做好标记。画图时交汇的线条可以相互交叉,这样可使棱角分明,方便给平面图上墨。总之,先制作出房间的总体覆盖情况,包括各个墙壁的厚度,然后再把各结构细节比如窗户、门等添加进去。

　　早期的绘画用铅笔来完成,从这些草图,最后展示用的平面图可誊写出来,复制到底图纸上,或者是更高级的纸张,如果是平面图还须处理润色,交到董事会上去审查通过。作为支撑设计理念进一步发展的手段,平面图的基本形式应包括墙壁——表现出它们的厚度和长度;门、橱柜和窗户的开口;暖气片的布置;窗台、壁脚板等细节。平面图还将包括一个图签、一个比例尺说明和指北针。

　　学习CAD(计算机辅助设计)软件的学生不但要熟悉什么是坐标系、尺度参数和其他约束条件,而且需要懂得各种工具、选项和菜单的使用。如果需要,利用CAD软件可直接生成和编辑直线、弧线、曲线、角、矩形、多边形、椭圆和圆圈;文本以及符号也可添加进去。这就需要控制好鼠标制作层次感和操纵视口的能力可使设计师在最终绘图的布局和展示中如鱼得水,在添加注释和编辑之后,这个最终绘图就可保存或者打印出来。对于大多数电脑集成软件包,达到特定效果的途径通常不止一条,正因为如此,要使运用软件的信心更足,不断地练习和尝试十分重要。

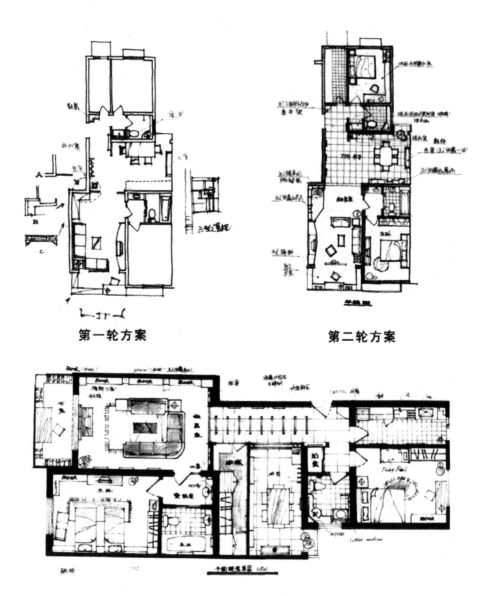

第一轮方案

第二轮方案

最后定稿方案

图 6-68　平面图

二、立面图

室内设计立面图更多的是注重环境空间的感性视觉造型分析。

立面图是缩尺图,表示一堵墙的平面视图,它看起来就像人们正视着这堵墙。对难以掌握平面图比例尺的客户来说,立面图尤其有用。立面图对室内设计师来说也很有用处,因为它可帮助设计师理解他的设计布局中的含义,并且这些立面图也会给装饰材料承包商提供在平面图里没法反映的信息内容(见图 6–69)。

通常,平面图里距离面墙 1m 内的物件都将在立面图中画出,但是为了确保设计方案能有效地向客户传达,设计师可在此时制造一些艺术效果。跟没有视角的平面图一样,一张立面图提供二维视图。立面图里的房门是关闭着的,檐口和踢脚板的轮廓也将在图中得以反映。根据平面图的指北针,立面图里也应标明方向——如取决于展示墙面的方位,标明"北立面图"或者"南立面图"。因为此种图片的目的在于勾画比例,所以图中不注明测量数据。固定好的家具从地面画起,而自由站立的家具则采取加粗物体与地板接触线条来进行区别。

跟平面图一样,立面图也是以铅笔在固定于画板上的草图画纸绘制,采用的比例尺是已有的平面图比例尺,画完之后需要上色。设计师选好需要绘制的墙壁,把画好的平面图置于画板的下方,以便参照着在它的上面画立面图。跟绘制平面图时的方法一样,先画出外围轮廓,即从地板线条画起,从两边带出表示墙壁的两条垂线,最后画出封顶线条。接着把家具画进图中,这时由于离墙壁最远的物件可看见整体,所以先画出那些物件。对于紧靠墙壁的物体,比如暖气片或者护壁板,因为它们很可能有些部分被遮挡住,则应放在最后画。

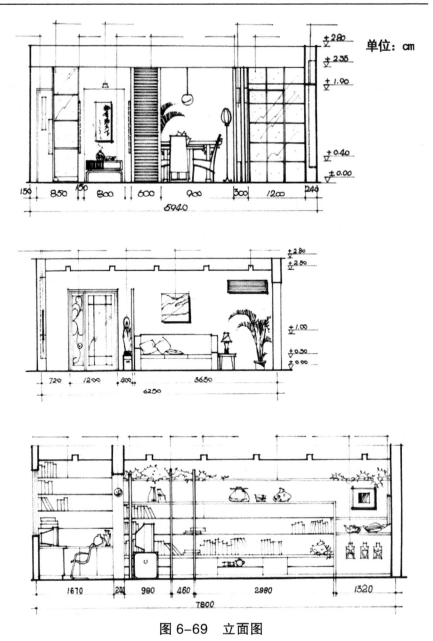

图 6-69　立面图

三、透视图

透视图是在平面图、立面图较完善的基础上,设计师根据设计和作图需要,利用透视原理所绘制的各种非正式图纸(见图6-70)。透视图的作用是提供逼真的具象视图,在这里,三维立体的空间和物件随着它们渐去渐远而高度变小。这些图画在作客户展示报告的时候将发生奇效,因为它们不但能展示方案中各元素的搭配、施工完成时的面貌,而且能极佳地反映空间的基调、氛围和风格。不仅如此,透视图还能表现一些人性化的细节处理,如在图中加入些植物、美术作品、一只宠物或者一幅窗口的风景。

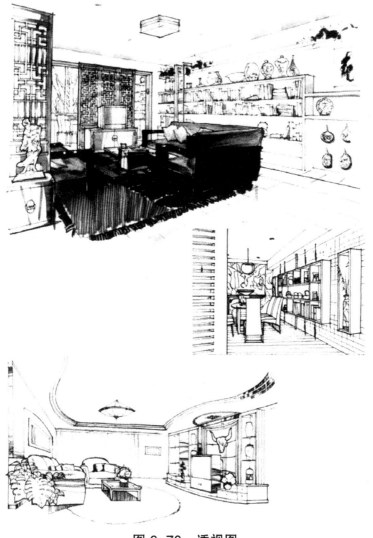

图 6-70　透视图

透视的基础是网格,取决于需要展现角度的宽度,选择一个或者两个透视参考点。一点透视图较容易绘制,但看起来有些呆滞,而两点透视图——两条直线汇聚到两点上,是最具有现实感的,也使用得最为广泛。

一点透视也称"平行透视",是最基本的透视作图方法,即当建筑空间的一个主要立面平行于画面,而其他面垂直于画面,做出的透视图只有一个灭点,如图 6-71 和图 6-72 所示。

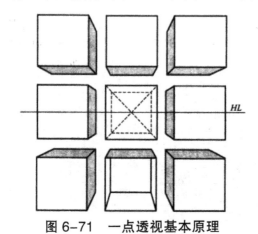

图 6-71　一点透视基本原理

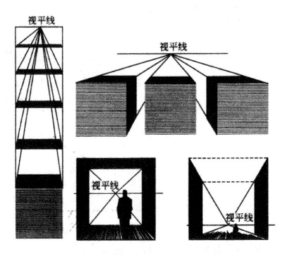

图 6-72　一点透视只有一个消失点

一点透视的作图步骤如下,如图 6-73 和图 6-74 所示。

(1)根据图纸大小按空间的高宽比直接画出长方形 ABCD。

（2）设定基线 GL 和画面 PP 线，将平面图放置在 PP 线上方，立面图放在 GL 线上。

（3）设定站点 SP 和视平线 HL，视平线一般距基线 GL 150cm，与平面图中心线的交点为灭点 VP。

（4）将 SP 与平面图中各主要点连接，与 PP 相交，从 PP 上的相交点做垂直线。

（5）分别连接灭点 VP 和 A、B、C、D 点，其连线与各垂直线之交点，形成空间深度。

（6）从立面上将各主要点引水平线与 AD 或 BC 相交，将交点与灭点 VP 连接，以形成物体。

（7）高度线与垂直线之交点再与 VP 相连接，就形成各物体的透视效果。

（8）室内构成绘制完成后，擦去不必要的线条，再加上必要的装饰和明暗效果，就形成一张一点透视图。

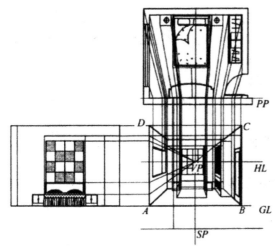

图 6-73　一点透视作图法

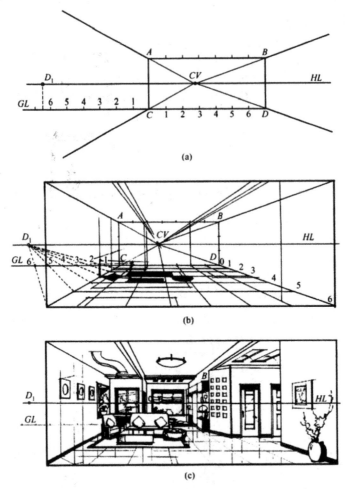

图 6-74 一点透视作图步骤

两点透视也称"成角透视",即当建筑物的主体与画面成一定角度时,各个面的各条平行线向两个方向消失在视平线上,产生出两个消失点的透视现象就是两点透视。因物体的两个立面均与画面成倾斜角度,两点透视又称"成角透视",如图 6-75 所示。两点透视的作图步骤如下,如图 6-76 所示。

(1)设定基线 GL,将立面置于其上,设定画面 PP 线,将平面置于其上,使之成为 30° ~ 60° 。

(2)自平面 A 点向下拉垂直线,以确定站点 SP 点。

（3）从站点 SP 向两侧画与 AB、AD 平行的直线，交画面 PP 线于 X、Y 点。

（4）设视平线 HL，HL 一般距基线 GL 150cm。

（5）分别过 X、Y 点做垂线与 HL 相交，交点 VP_1、VP_2 为两点透视的两个灭点。

（6）连接 A 点与站点 SP，与从立面图引出的水平线相交于点 m、m′。

（7）分别将 VP_1、VP_2 与点 m、m′ 连接，形成室内空间透视的正面和侧面。

（8）将室内平面各要点与站点 SP 连接，其连线都与画面 PP 线相交，过这些相交点做垂直线与前面的透视线相交，形成空间的深度。

（9）从立面图引一物体高度的水平线交直线 mm′ 于 n、n′，分别将 n、n′ 点与 VP_1 连接并与过 D 点的透视线相交，将交点与 VP_2 相连接可求得物体的高度，以此类推，可确定其他物体的位置及高度。

（10）室内构成完成后，擦去不必要的线条，再加上必要的装饰和明暗效果，就形成了一张两点透视图。

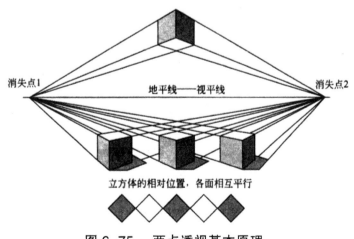

图 6-75　两点透视基本原理

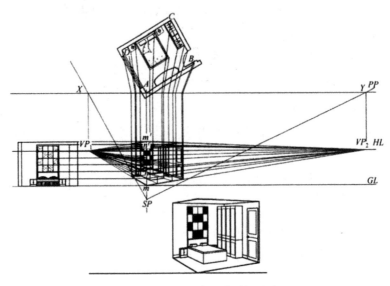

图 6-76　两点透视作图法

鸟瞰图在室内设计中是表现整体空间在揭去顶部后,自上而下俯视所呈现的图像。它可以是一点透视,可以是二点透视,也可以是三点透视。在建筑制图中,鸟瞰图多用在绘制景观环境或建筑群,在室内设计制图中,可表现揭去顶面之后的五个面,反映各空间之间的关系,如图 6-77 和图 6-78 所示。

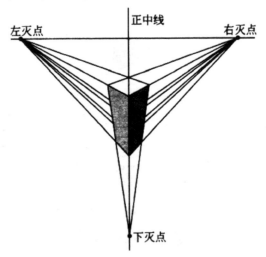

图 6-77　鸟瞰图透视基本原理

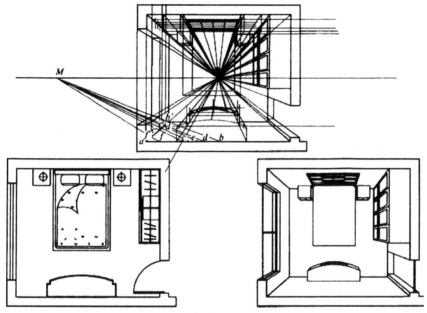

图 6-78　鸟瞰图透视作图法

四、剖面图

剖面图跟立面图十分相似,但也存在一定的差别,即立面图反映的是从空间内部看堵墙的效果,而剖面图是对设计空间的一刀切(见图 6-79)。因此,剖面图可以表示各个墙壁的厚度,这点跟平面图相当类似。画图时通常采纳的方法是,出示至少两幅剖面图或者两幅立面图并在房屋的总体平面图中标明它们所在的位置。除此之外,还可以通过画剖面图和立面图的简单草图来试验各种设计理念,解决设计当中遇到的难题。剖面图可以反映出空间中任何一个视点向着墙面的情形,而不像立面图只反映离墙壁仅 1m 以内的距离,所以设计中要采用剖面图还是立面图将取决于设计师想要展现的家具种类。剖面图在图示两个或者两个以上相邻房间时尤其有用,如展现一间带独立浴室的卧室。

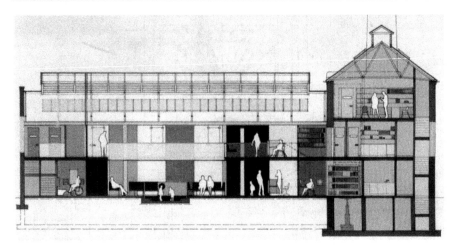

图 6-79　剖面图

五、施工图

　　在设计方案获得客户的首肯后,就可以制作出周详的施工图。这是为了向材料承包商或者规划局官员递交关于某些工程施工的准确信息。当呈递的对象是承包商时,这些图纸应确保具有最高标准的细节性和完整性。它们的一般形式是根据比例尺绘制而成的平面图、立面图和剖面图;它们注重功效而非外观好看,并附有十分清楚的注解,以便设计师对即将使用的材料、饰面的意图得以良好的传达。施工图往往用于厨房、浴室、橱柜或者书架等内装细木工制品的细节,还用于专门设计的家具什件,比如接待服务台或者董事会议办公桌(见图 6-80)。

　　计算机辅助设计(CAD)大大促进了国际设计交流的发展,施工图、平面图或者三维图像都可以在电脑上制作,转化成 JPEG或者 PDF 电子文件,然后通过电子邮件发给客户、建筑监管人员或者装饰材料承包商。这样,承包商就可以根据最终的 CAD 绘图制作家具或者其他装置,而不需要出现在工地现场。现如今,设计师只跟客户有过初次见面,然后利用电子邮件与客户保持联系,完成所有进一步的商业合作,一直到最后的项目交递和竣工阶段才有第二次见面,这种情况大为常见。

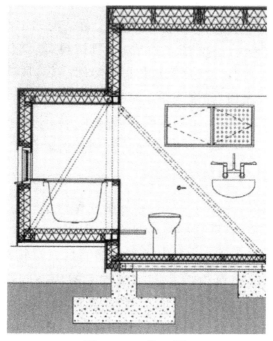

图6-80　施工图

第五节　室内设计的评价

室内设计的评价主要从其技术经济、人性化、生态与可持续、继承与创新等方面出发。

一、技术经济的评价

（一）技术经济与功能相结合

室内设计的目的是为人们的生存和活动寻求一个适宜的场所,这一场所包括一定的空间形式语言和一定的物理环境,而这几个方面都需要技术手段和经济手段的支撑。

1. 技术与室内空间形式

纵观建筑发展史,新技术、新材料、新结构的出现为空间形式的发展开辟了新的可能性。新技术、新材料、新结构不仅满足了功能发展的新要求,而且使建筑面貌焕然一新,同时又促使功能朝着更新、更复杂的程度发展,然后再对空间形式提出进一步的新要求。所以,空间设计语言离不开技术、离不开材料、离不开结构,技术、材料和结构的发展是建筑发展的保障和方向。

2. 技术与室内物理环境质量

人们的生存、生活、工作大部分都在室内进行,所以室内空间应该具有比室外更舒适、更健康的物理性能(如空气质量、热环境、光环境、声环境等)。古代建筑只能满足人对物理环境的最基本要求,后来的建筑虽然在围护结构和室内空间组织上有所进步,但依然被动地受自然环境和气候条件的影响。当代建筑技术有了突飞猛进的发展,音质设计、噪声控制、采光照明、暖通空调、保温防湿、建筑节能、太阳能利用、防火技术等都有了长足的进步,这些技术和设备使人们的生活环境越来越舒适,受自然条件的限制越来越少,人们终于可以获得理想、舒适的内部物理环境。

3. 经济与室内空间设计

除了技术因素外,现代室内设计语言还与经济条件有着密切的联系。所有的新技术、新设备、新材料的出现,都是有雄厚的经济实力做支撑的。若没有经济实力,一切也就无从谈起了。

经济原则作为室内设计语言的一条重要的,甚至是决定性的原则,要求设计师的设计必须根据工程的资金状况进行构思与设计,同时还要有节约概念。

总之,内部空间环境设计是以技术和经济作为支撑手段的,技术手段的选择会影响这一环境质量的好坏。所以,各项技术本身及其综合使用是否达到最合理最经济、内部空间环境的效益是否达到最大化最优化,是评价室内设计语言好坏的一个重要指标。

（二）技术经济与美学相结合

早期的技术美学，是一种崇尚技术、欣赏机械美的审美观。当时采用了新材料新技术的伦敦水晶宫（见图6-81）和巴黎埃菲尔铁塔（见图6-82）打破了从传统美学角度塑造建筑形象的常规做法，给人们的审美观念带来强烈的冲击，逐渐形成了注重技术表现的审美观。

图6-81　伦敦水晶宫　　　　　图6-82　埃菲尔铁塔

高技派建筑进一步强调发挥材料性能、结构性能和构造技术，暴露机电设备，强调技术对启发设计构思的重要作用，将技术升华为艺术，并使之成为一种富于时代感的造型表现手段。如香港上海汇丰银行（见图6-83）和法国里昂的TGV车站（见图6-84）都是注重技术表现的实例。

图6-83　香港上海汇丰银行

图 6-84　法国里昂 TGV 车站

　　早期技术美学与高技派均将技术等同于美学,但随着时代的发展,技术水平不断地提高,经济力量不断地增强,技术已不再简单地等同于美学,而是将其作为一种审美情感的表达方式。技术、经济与设计进一步融合,并成为评价设计是否优秀的一个重要标准。

二、人性化的评价

　　城市快速发展往往忽略了对人的关怀,导致人的身体出现了亚健康的状态。为了给人们创造出健康舒适的空间环境,室内空间设计者们应将人性化作为设计语言的重要原则。人性化原则涉及内容很多,这里简要地从强调以人为本的设计理念、强调多感觉体验、强调空间的场所精神、注重细节设计语言等方面进行论述。

　　（一）空间意义与人的需求一致

　　能否在人与空间之间形成互动关系,关键在于其空间语言的意义是否与人的需求一致。因此,使用者对内部空间的态度,是检验室内空间设计语言成功与否的最好依据。然而,目前有些设计人员一方面对使用者的需求考虑太少;另一方面则过于注意形式,片面追求自己的设计思想和风格,造成设计成果与使用者需求的脱节,难以体现"以人为本"的设计理念。

（二）强调多种感觉体验

传统的内部空间设计语言比较强调视觉的形式美原则。然而,现代科学研究告诉我们,人们对环境的感觉、认知乃至体验其实调动了人体所有的感觉器官。在很多环境中,触觉、听觉和嗅觉体验可能更有助于形成环境的整体感知,这就要求室内设计者在进行设计时,充分利用这种特性,强化对环境的认识。

（三）强调空间的场所精神

"场所精神"是建筑空间理论中的一个常用名词,简单说来,场所是指在空间的基础上包含了各种社会因素而形成的一个整体环境。它的形成主要是通过地域文化与许多有精神关联的事物,它会使人们对某一场所产生归属感和认同感。室内设计语言利用"场所精神"可以创造出更为人性化的内部空间。

（四）细节上考虑人的需要

室内设计人性化的设计原则应该体现在各个细节上,即室内设计师的每一处设计都应该认真考虑人的需要（见图6-85）。这是因为人的每一次行为都是具体的,它所对应的空间与空间界面也是具体的。

图 6-85　现代简约空间的细节处理

三、生态与可持续的评价

随着生态问题的日益严重,人们逐渐认识到人不应该是凌驾于自然之上的万能统治者,而是将自己当作自然的一部分,与自然和谐相处。为此,人们提出了"可持续发展"概念,发展生态建筑,减少对自然的破坏,因此"生态与可持续原则"不但成为建筑设计,同时也成为室内设计语言评价中的一条非常重要的原则。室内设计中的生态与可持续评价原则一般涉及如下内容。

（一）营造自然健康的室内环境

在室内设计语言中,如何利用自然条件来营造健康、舒适的室内环境常常涉及以下几个方面:

1. 天然采光

人的健康需要阳光,人的生活、工作也需要适宜的光照度,如果自然光不足则需要补充人工照明,所以室内采光设计是否合理,不但影响使用者的身体健康、生活质量和内部空间的美感,而且还涉及节约能源和减少浪费。

2. 自然通风

新鲜的空气是人体健康的必要保证,室内微环境的舒适度在很大程度上依赖于室内温、湿度以及空气洁净度、空气流动的情况。据统计,50%以上的室内环境质量问题是由于缺少充分的通风引起的。为此,必须将自然通风作为生态化原则中的一条标准。

3. 尽可能引入自然因素

自然因素能使人联想到自然界的生机,疏解人的心情,激发人的活力;自然景观有助于软化钢筋混凝土筑成的人工硬环境,为人们提供平和舒适的心理感受,同时能引起人们的心理愉悦,增强室内空间的审美感受;绿化水体等自然因素还可调节室内的温、湿度,甚至可以在一定程度上除掉有害气体,净化室内空气。所以自然因素的引入,是实现室内空间生态化的有力手段,同时也是组织现代室内空间的重要元素,有助于提高空间的环境质量,满足人们的生理心理需求。

4.推广使用绿色材料

"绿色材料"是一种可再生资源,它在生产和使用过程中对人体和周围环境不产生危害,也可以自然降解或转换。使用这类材料不但可以保持人体健康,还可以减少对自然的破坏(见图6-86)。

图6-86　现代空间绿色材料表现

(二)节约使用不可再生能源和资源

在人类所消耗的能源和资源中,与建筑有关的占了很大的比例,所以,节约资源和能源是建筑设计(包括室内设计)的重要方面。而在所有能源和资源中,不可再生的资源与能源无法再生或是再生时间长,因此必须节约使用这类能源与资源。

(三)充分利用可再生能源

可再生能源包括太阳能、风能、水能、地热能等,经常涉及的有太阳能和地热能。

太阳能是一种取之不尽、用之不竭、没有污染的可再生能源。利用太阳能,首先表现为通过朝阳面的窗户,使内部空间变暖;

当然也可以通过集热器以热量的形式收集能量,现在的太阳能热水器就是实例;还有一种就是太阳能光电系统,它是把太阳光经过电池转换贮存能量,再用于室内的能量补给,这种方式在发达国家运用较多,形式也丰富多彩,有太阳能光电玻璃、太阳能瓦、太阳能小品景观等。

利用地热能也是一种比较新的能源利用方式,该技术可以充分发挥浅层地表的储能储热作用,通过利用地层的自身特点实现对建筑物的能量交换,达到环保、节能的双重功效,被誉为"21世纪最有效的空调技术"。

（四）适当利用高新技术

随着科技的进步,将高、精、尖技术用于建筑和室内设计领域是必然趋势。现代计算机技术、信息技术、生物科学技术、材料合成技术、资源替代技术、建筑构造措施等高技术手段已经运用到各种设计领域,设计师希望以此达到降低建筑能耗、减少建筑对自然环境的破坏,努力维持生态平衡的目标。福斯特的法兰克福商业银行、皮亚诺的法属新卡里多尼亚的迪巴欧文化中心等都是生态化高技术应用的典型案例（见图 6-87 ）。

图 6-87　福斯特的法兰克福商业银行

可以相信随着现代技术的进一步发展,建筑（包括内部空间）的智能化程度将越来越高,运用高技术来解决生态难题也将成为越来越常用的方法。当然在具体运用中,应该结合具体的现实条件,充分考虑经济条件和承受能力,综合多方面因素,采用合适的技术,力争取得最佳的整体效益。

以上介绍了在生态和可持续评价原则下,室内设计应该采取的一些原则和措施。至于建筑和内部空间是否达到"生态"的要求,各国都有相应的评价标准,本书难以展开。虽然各国在评价的内容和具体标准上有所不同,但他们都希望为社会提供一套普遍的标准,从而指导生态建筑(包括生态内部空间)的决策和选择;希望通过这项标准,提高公众的环保意识,提倡和鼓励绿色设计;希望以此提高生态建筑的市场效益,推动生态建筑的实践。

四、继承与创新的评价

我国室内设计历史久远,不乏具有中国传统理念的上佳之作。中国室内设计需要继承传统的精髓,但同时更要着眼于创新,只有这样,才能走出一条具有中国现代风格的室内设计之路,因此,继承与创新应当成为评价当代室内设计语言的一项重要原则(见图6-88)。

目前,在我国室内设计语言中关于继承与创新的评价标准可以从以下三方面入手:

第一,当今室内设计语言应该体现时代精神,把现代化作为发展的方向,这是时代所决定的。我们身处信息时代和生态时代,时代要求我们着重反映改革开放、现代化建设和两个文明建设的成果,要求我们着重反映综合效益(社会效益、经济效益和环境效益的统一)的最优化。

第二,当今室内设计语言应该勇于学习和善于学习国外的新概念和新技术。在学习国外新概念和新技术的过程中,既要具有魄力,勇于学习探索又要防止一切照搬,要做到有分析、有鉴别、有选择地使用它。在设计创作上应当解放思想、鼓励创新,但又不能不顾国情、不讲效率、不问功能、违反美学规律、片面追求怪诞的外观形象。

　　第三,当今室内设计语言应该正确对待文化传统和地方特色。在设计语言中不应该割断历史,抛弃民族的传统文化,而应该经过深入分析,有选择地继承和借鉴传统文化和民族特色,研究地方特色的恰当表达。

　　设计评价是人类认识自身的重要手段,对室内设计师而言,评价体系为其设计创作提供了参照尺度,两者的良性互动关系对设计师的创作具有重要的意义。

图 6-88　室内空间创新应用

参考文献

[1] 梁旻、胡筱蕾. 室内设计原理 [M]. 上海：上海人民美术出版社, 2013.

[2] 马澜. 室内设计 [M]. 北京：清华大学出版社, 2012.

[3] 邱晓葵. 室内设计（第 2 版）[M]. 北京：高等教育出版社, 2008.

[4] 张琦曼. 室内设计的风格样式与流派（中央美术学院）[M]. 北京：中国建筑工业出版社, 2006.

[5][英] 文尼·李著；周瑞婷译. 室内设计 10 原则 [M]. 济南：山东画报出版社, 2013.

[6][英] 吉布斯著；吴训路译. 室内设计教程（第 2 版）[M]. 北京：电子工业出版社, 2011.

[7] 文健. 室内设计 [M]. 北京：北京大学出版社, 2010.

[8] 李强. 室内设计基础 [M]. 北京：化学工业出版社, 2010.

[9] 郑曙旸. 环境艺术设计 [M]. 北京：中国建筑工业出版社, 2007.

[10] 郑曙旸. 室内设计·思维与方法 [M]. 北京：中国建筑工业出版社, 2003.

[11] 郑曙旸. 室内设计程序 [M]. 北京：中国建筑工业出版社, 2005.

[12] 易西多、陈汗青. 室内设计原理 [M]. 武汉：华中科技大学出版社, 2008.

[13] 郝大鹏. 室内设计方法 [M]. 重庆：西南师范大学出版社, 2000.

[14][美]坎德西·奥德·曼罗著；周忠德译.地面处理[M].上海：上海远东出版社；上海外文出版社,1998.

[15]齐伟民.室内设计发展史[M].合肥：安徽科学技术出版社,2004.

[16]汤重熹.室内设计[M].北京：高等教育出版社,2003.

[17]潘吾华.室内陈设艺术设计[M].北京：中国建筑工业出版社,2006.

[18]朱钟炎、王耀仁、王邦雄.室内环境设计原理[M].上海：同济大学出版社,2003.

[19][美]保罗·拉索著；周文正译.建筑表现手册[M].北京：中国建筑工业出版社,2001.

[20][美]史坦利·亚伯克隆比著；赵梦琳译.室内设计哲学[M].天津：天津大学出版社,2009.

[21][美]菲莉丝·斯隆·艾伦,[美]琳恩·M.琼斯,[美]米丽亚姆·F.斯廷普森著；胡剑虹等译.室内设计概论[M].北京：中国林业出版社,2010.

[22]高钰.室内设计风格图文速查[M].北京：机械工业出版社,2010.

[23]王勇.室内装饰材料与应用(第2版)[M].北京：中国电力出版社,2012.

[24]吴昊.环境艺术设计[M].长沙：湖南美术出版社,2004.

[25]董万里、段洪波、包青林.环境艺术设计原理(第3版)[M].重庆：重庆大学出版社,2010.